工程材料表征技术

主　编　李　理
参　编　罗建新　叶　拓　吴　智　周林军　谭　茜

机 械 工 业 出 版 社

本书选取先进制造业中最常用的 6 种表征技术，即光学金相显微术、X 射线衍射物相分析术、扫描电子显微术、光谱分析术、无损探伤术以及热分析术，详细介绍了工程材料的表征原理、表征方法及表征结果分析，并结合具体案例，使读者学以致用。本书是一部数字化立体教材，包含大量视频和动画，以期提高读者的学习兴趣和学习效果。与之配套的精品慕课已在智慧树课程平台上线运行了 4 轮，被全国 64 所高校选用，入选首批国家级一流本科课程。

　　本书可作为应用型高校的材料类、机械制造类专业师生的教学用书，也可作为企业员工培训教材。

图书在版编目（CIP）数据

　　工程材料表征技术/李理主编 . —北京：机械工业出版社，2020.11（2025.1 重印）

　　ISBN 978-7-111-66832-9

　　Ⅰ. ①工…　Ⅱ. ①李…　Ⅲ. ①工程材料-高等学校-教材　Ⅳ. ①TB3

　　中国版本图书馆 CIP 数据核字（2020）第 205948 号

机械工业出版社（北京市百万庄大街 22 号　邮政编码 100037）
策划编辑：王晓洁　责任编辑：王晓洁
责任校对：王　延　封面设计：马精明
责任印制：单爱军
北京虎彩文化传播有限公司印刷
2025 年 1 月第 1 版第 4 次印刷
184mm×260mm · 9.25 印张 · 225 千字
标准书号：ISBN 978-7-111-66832-9
定价：59.00 元

电话服务　　　　　　　　　　网络服务
客服电话：010-88361066　　　机 工 官 网：www.cmpbook.com
　　　　　010-88379833　　　机 工 官 博：weibo.com/cmp1952
　　　　　010-68326294　　　金 书 网：www.golden-book.com
封底无防伪标均为盗版　　　机工教育服务网：www.cmpedu.com

前　言

　　材料是人类社会进步的物质基础。进入 21 世纪以来，材料的发展出现了新格局。新材料及其新工艺的开发及应用，更加依赖材料表征技术；新材料设计、构件制备与加工一体化趋势越来越显著。材料科学与工程研究的就是材料组成、结构、制备工艺与材料性能和应用的关系，其中结构与性能是最本质的关系。材料的表征技术将极大拓展人们认识材料结构的能力，为提升材料性能提供指导，这就要求工程技术人员必须掌握工程材料表征技术。

　　早期出版的有关材料表征技术的图书理论偏深、原理庞杂，不利于初学者掌握并将其应用于工程实践。本书可使初学者快速入门，可使他们面对工程构件时，能够正确选择表征方法，能够设计表征方案，能够掌握仪器操作和样品制备方法，善于分析表征结果。本书以培养先进制造业工程师的工程材料表征能力为目标，选取先进制造业中最常用的 6 种表征技术，即光学金相显微术、X 射线衍射物相分析术、扫描电子显微术、光谱分析术、无损探伤术以及热分析术，这些都是技术人员或生产现场经常使用的技术，未涉及专门面向研究人员的分析检测技术，如透射电子显微镜（TEM）、扫描隧道显微镜（STM）、原子力显微镜（AFM）等。本书在内容上力求简明扼要，逻辑方面严格按照工程教育理念编排，从实际工程问题切入，介绍解决问题的方法与工具，详细阐述结果分析，而不是一味地按照概念—判断—原理—技术的路线进行讲述，突破了金属材料、无机非金属材料及高分子材料的学科界限。

　　由于编者水平有限，书中不当之处在所难免，敬请读者批评指正。

编者

目　　录

第一章　绪　　论

　　材料是人类社会生活的物质基础，推动着人类的物质文明和社会进步。在人类历史的长河中，材料是人类社会进步的里程碑，人们通常用当时使用的工具材料来划分人类文明史的不同发展阶段（见图 1-1），也就是石器时代、青铜器时代、铁器时代及电子材料（硅）时代。与人类使用材料的漫长历史相比，科学家研究材料的历史非常短暂。

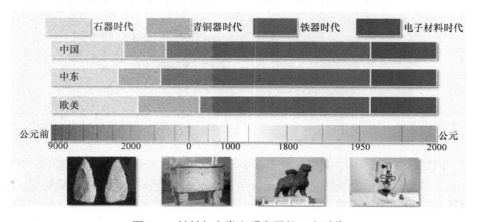

图 1-1　材料与人类文明发展的四个时代

（一）材料表征技术的发展历程

　　每一次研究分析材料的工具的进步，都极大地促进了材料科学技术的发展。因此，材料表征技术是材料科学技术进步的加速器。材料表征技术第一个标志性的进步是金相显微镜的使用。19 世纪中叶以后，钢铁材料开始得到大规模生产，钢铁质量的稳定性成为比较突出的问题。当时的工程师使用光学显微镜观察抛光后的金属表面的显微组织，确定了一些重要的物相，包括常见的珠光体、铁素体、马氏体、下贝氏体和上贝氏体等（见图 1-2），从而建立了钢铁性能与显微组织的联系，使得钢铁质量稳定并有章可循，同时也开辟了金相学这门学科。

　　第二个标志性的进步是 X 射线与 X 射线衍射技术。德国维尔茨堡大学物理研究所所长威廉·康拉德·伦琴教授（见图 1-3）长期进行真空阴极射线研究，1895 年 11 月 8 日，他把高压电流通入真空玻璃泡时，首次观察到从玻璃泡中发出一种未知的辐射线，这种射线可以使工作台上的小片氰亚铂酸钡屏幕发出荧光；尽管中间隔着黑纸板，但仍可以穿透手指骨骼（见图 1-4）。于是伦琴意识到有一种不同于可见光的、看不见的射线存在，但尚不知是什么射线，所以将其叫作 X 射线，后人又称之为伦琴射线。

　　为什么 X 射线没有被别人发现，而是被伦琴发现了呢？实际上，在伦琴之前已经有不少人观察到类似现象。例如，英国科学家克鲁克斯曾多次观察到，放在阴极射线管附近的底

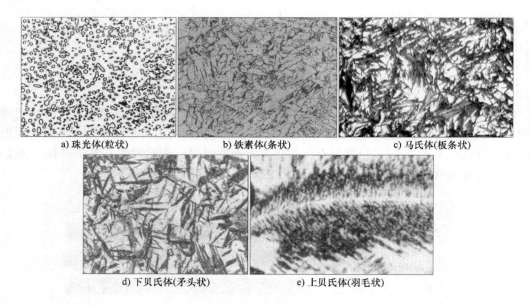

a) 珠光体(粒状)　　　　b) 铁素体(条状)　　　　c) 马氏体(板条状)

d) 下贝氏体(矛头状)　　　　e) 上贝氏体(羽毛状)

图 1-2　光学显微镜下的铁碳合金组织

片会感光，但他认为只是偶然现象，没有去深思，错失了良机。伦琴不是第一个遇到 X 射线的科学家，但他是第一个坚持不懈研究 X 射线的人，他是在 25 名科学家发现的基础上加上自己的努力探索取得的成功。伦琴为了研究阴极射线管产生的这种现象，一连数日住在实验室不回家，为了科学发现达到忘我的程度，这种追求真理的敬业精神令人敬佩。从 1895 年开始，伦琴用了 16 年时间，终于弄清楚了 X 射线的大部分特性。正是由于他这种一丝不苟的求实意识、百折不挠的求胜心理和献身科学的求是精神，成就了科学史上的这一伟大发现，也使伦琴在 1901 年成为世界上第一位诺贝尔物理学奖获得者。

图 1-3　德国物理学家威廉·康拉德·伦琴

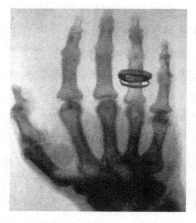

图 1-4　威廉·康拉德·伦琴夫人的手骨与戒指

　　1912 年以后，德国物理学家劳埃（见图 1-5）利用 X 射线衍射分析晶体结构，第一次将人们对材料结构的认知推进到原子尺度。从图 1-6 可见，尽管最初的试验装置比较粗糙，但这并不妨碍它成为具有划时代意义的伟大发明。

 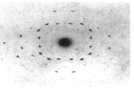

图 1-5 德国物理学家劳埃   图 1-6 劳埃的试验装置与衍射照片

第三个标志性的进步是电子显微镜的发明。电子显微镜使用电子作为光源，在几十千伏至几百千伏的电压加速下，分辨率达到纳米级。在 1932 年，卢斯卡（见图 1-7）研制成功世界上第一台电子显微镜（见图 1-8）。电子显微学和电子显微镜技术对科学技术与社会生产力的巨大推动作用，已得到全球科技界的广泛承认，这就是卢斯卡在发明电子显微镜 50 多年后的 1986 年，仍然获得了崇高的诺贝尔物理学奖的原因。

图 1-7 英国物理学家卢斯卡   图 1-8 世界上第一台电子显微镜

自 21 世纪以来，新材料及新工艺的开发更加迅猛，而且更加依赖材料表征科学技术。为什么新材料及新工艺的开发、应用及生产会如此依赖材料表征科学技术呢？首先要搞清楚几个问题。第一个问题是，对于工程材料我们最关心的是什么？回答当然是它的性能。那么第二个问题是性能优劣的决定性因素又是什么呢？我们知道，在材料科学中有一对最本质的关系就是结构决定性能。第三个问题就是，怎样来表征和分析材料的结构。工程材料表征技术就是用来表征和分析材料结构的。

工程材料表征技术是一门综合性、前沿性技术，需要从业者具备一定的物理学、结晶学和材料基础知识，需要掌握材料现代各种测试方法，了解各种测试仪器的基本原理、结构、工作原理以及图谱分析解译方法。

（二）材料性能与结构的关系

材料的服役性能是人们最关心的，如金属铜有很强的延展性、导电性，金刚石有很高的硬度等。不同的材料性能迥异；即使是化学组成相同的材料，在不同的状态下，性能也会存在明显差异。

例如，铁与铝的性能差异，是由于它们的原子核结构与核外电子结构差异造成的；又如金刚石和石墨，两者的成分完全相同但结构不同，金刚石是架状结构，石墨是层状结构，因此，它们的性能完全不同。结构在尺度上可以具有较宽的范畴。从原子核结构、核外电子结构到相结构、官能团分布等，再到晶粒结构、组织等，都可以囊括在材料科学的结构范畴中。本书中涉及的结构，包括相、组织、缺陷、单体及大分子链等。

（三）光源的重要性

1. 分辨本领

分辨本领是指成像物体（试样）上能分辨出来的两个物点间的最小距离（Δr），如图 1-9 所示。需要强调的是，单纯地增加放大倍数，不能提高显微镜的分辨本领，依然看不到对象的细节。

1873 年，德国物理学家阿贝发现了显微镜分辨率的极限，它大约等于光波波长的 1/2，即

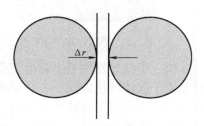

图 1-9　分辨本领的定义

$$\Delta r \approx 0.5\lambda \qquad\qquad (1\text{-}1)$$

式中　λ——照明光源的波长。

式（1-1）表明，显微镜的分辨本领取决于照明光源的波长。在可见光波长范围内，波长最短的紫光的波长为 200nm。因此，要提高显微镜的分辨本领，关键是要有波长短又能聚焦成像的照明光源。

2. 人眼的局限性

人眼的局限性表现在三个方面：一是只能观察到与周围环境颜色有足够差别的物体；二是人眼的结构决定了它的分辨率不超过 0.1mm；三是人眼接收光线的频率范围非常有限，如人眼无法看到红外线和紫外线。如果将未知的结构比作黑暗世界，我们需要采用强大的光源去观测它，而且可以将反馈的信息转化为人眼可以识别的信号。

3. 新光源

人类历史上曾先后出现过对人类文明起到革命性推动作用的新光源。第一次出现的是电光源，它基本上消灭了白天与黑夜的差别（见图 1-10）。

图 1-10　上海浦东的白天与黑夜

第二次出现的是 X 射线光源，人类可以通过它观察到肉眼看不到的物体的内部和物质微观结构。例如，在图 1-11 中，软 X 射线可以发现小狗误吞了的钥匙串；在图 1-12 中，硬 X 射线可以鉴定物质的原子结构。

1. X 射线的单晶衍射

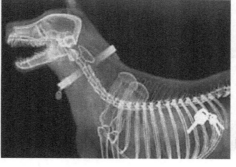

图 1-11 小狗误吞了的钥匙串

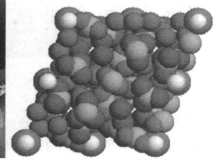

图 1-12 物质的原子结构

第三次出现的是激光光源，它在工业、通信、国防、医疗等领域中发挥着重要作用。例如，在图 1-13 中，激光切割金属板材，"墨子"号卫星利用激光进行空间通信，激光武器歼灭无人机，激光手术刀治疗近视等。

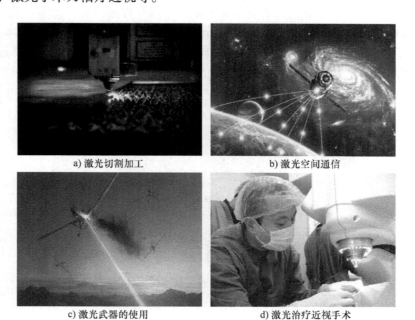

a) 激光切割加工　　　　　　　　b) 激光空间通信

c) 激光武器的使用　　　　　　　d) 激光治疗近视手术

图 1-13 激光光源

第四次出现的是同步辐射光源。同步辐射光源是指产生同步辐射的物理装置，它是利用相对论性电子（或正电子）在磁场中偏转时产生同步辐射的高性能新型强光源。图 1-14 所示为我国在上海和北京建设的居于世界领先水平的同步辐射光源工程。

a) 上海光源工程

b) 北京光源工程

2. 上海同步辐射光源

图 1-14　同步辐射光源工程

　　由此可见，材料表征技术将极大拓展人眼认识材料结构的能力。如果你有一双照亮微观世界的眼睛，就能把物质的微观结构看个清清楚楚，明明白白。

（四）本书的主要内容

　　本书主要介绍材料组织结构的表征方法。传统的分析材料组织结构的方法是借助光学显微镜完成的，但光学显微镜的分辨率低（约 200nm）、放大倍数低（最大倍数为 1000 倍），已经不能满足需要。

　　通过学习本书，读者将掌握先进制造业中最常用的 6 种材料表征技术，它们是光学金相显微术、扫描电子显微术、X 射线衍射物相分析术、光谱分析术、无损探伤术及热分析术。图 1-15 给出了介绍每种表征技术时的内容逻辑顺序，即按照认识仪器、表征过程还原及解构材料的顺序展开。

图 1-15　工程材料表征技术的内容逻辑

复习思考题

　　1. 对于工程材料，你最关心的是什么？你认为工程材料的性能与哪些因素有关？有哪些检测分析技术可以表征工程材料的结构？

　　2. 理解材料科学"四面体"的含义，阐释工程材料表征技术在材料科学中的重要意义。

　　3. 阐释光源在材料表征中的重要性。

第二章　光学金相显微术

光学显微镜是一种用来观察材料内部微观组织结构的最基本的光学仪器。光学显微镜成像是基于光在均匀介质中沿直线传播，并在两种不同介质的分界面上发生折射或者反射的原理。为了能够更加正确地认识和使用各种现代光学显微镜，有必要掌握几何光学基本原理和普通光学显微镜的基本结构和成像原理。

3. 金相显微镜（徕卡 DM2700）

第一节　光学显微镜的光学原理

一、几何光学基本原理

在均匀的同种介质中，光沿着直线传播，此特性可以应用于钻探时激光引导钻头前进方向。光线照射在人的身体上形成影子，这是光的直线传播定律产生的结果（见图 2-1）。不同的光线沿着其所在的直线进行传播，它们之间互不干扰，这是光的独立传播定律。来自不同方向或由不同物体发出的光线，当它们相交时，光线的传播不会相互影响。

4. 激光校直　　　　　　　图 2-1　光的直线传播

如图 2-2 所示，当一束光从空气中射入水中时，会同时发生光的反射和折射。照镜子，能在镜中看到自己就是一种常见的反射再象；而把筷子放在水杯中，发现它看似"弯折"了，就是光的折射现象。

5. 照镜子　　　　　　　6. 筷子放在水杯

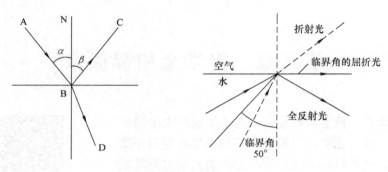

图2-2　光线的折射与反射

　　当光线从水中射入空气中时，即实际发光点所处介质的折射率大于分界面另一侧介质的折射率，折射角总会大于入射角。当折射角等于 90° 时所对应的入射角，即为入射角的最大值。当入射角超过这一临界值时，光线就不能进入分界面的另一侧，而是按照反射定律返回原介质，这种完全返回原介质的反射称为全反射。

二、透镜成像原理

　　透镜是光学仪器中最基本的元件之一，是由两个共轴折射曲面构成的光学系统，其主要作用是成像、聚光和获得平行光源。透镜的形式很多，通常把它分为正透镜（又称为凸透镜）和负透镜（又称为凹透镜）两类。正透镜的特点是透镜中心厚度大于透镜边缘厚度，可以起到会聚光线的作用。

　　如图2-3所示，当平行光线射到正透镜表面时，光线经过透镜将产生折射，各点的光线汇聚于一点 F，F 点称为正透镜的焦点。中心厚度比边缘部分薄的透镜称为负透镜。负透镜起发散光线的作用。当平行光入射到负透镜时，光线因折射而被发散，因此，负透镜所成的像是虚像，如图2-4所示。

7. 正透镜会聚光线　　　　　　8. 负透镜发散光线

图2-3　正透镜

　　透镜成像规律都是依据近轴光线得出的结论。所谓近轴光线是指与光轴夹角很小的光线，由于物理条件的限制，实际光学系统的成像与近轴光线成像不同，两者之间存在着偏

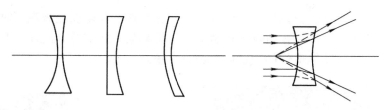

图2-4　负透镜

离，通常把这种相对于近轴成像的偏离称为像差。按像差产生的原因可分为两类：一类是单色光成像时的像差，称为单色像差，如球差、彗差、像散、像场弯曲和畸变等；另一类是多色光成像时，由于介质折射率随光的波长不同而引起的像差，称为色差。在光学系统设计过程中，应该尽量减小像差，但是像差不可能完全消除。

第二节　光学显微镜的组成

普通光学显微镜（见图2-5）主要由4个系统构成，分别是光学系统、照明系统、机械系统和照相装置。

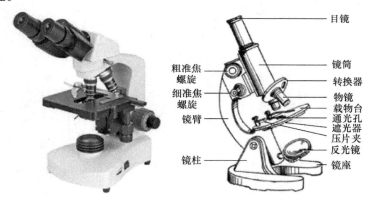

图2-5　光学显微镜的组成

一、显微镜的光学系统

光学系统的主要构件是物镜（见图2-6）和目镜（见图2-7），其作用是将显微组织放大。其中，物镜的好坏直接影响显微镜成像的质量，成像质量与像差校正有直接关系。物镜可通过多片不同透镜组合设计来校正像差，通常分为消色差物镜、半复消色差物镜、复消色差物镜、平面消色差物镜、平面复消色差物镜和单色物镜等。图2-8表示消色差透镜和复消色差透镜在色差校正上的不同，可以看出，与消色差透镜相比，复消色差透镜可以在更广的波长范围内校正色差。

通常采用数值孔径来表征物镜的聚光能力，增强物镜的聚光能力可提高物镜的分辨率。提高数值孔径的方法：一是增大透镜的直径或减小物镜的焦距，以增大孔径半角；二是增加物镜与观察物之间的折射率。物镜的分辨率是指物镜具有将两个物点清晰分辨的最大能力。物镜的分辨率有一定的极限，显微镜的最高分辨率只能达到物镜的分辨率，所以物镜的分辨率又称为显微镜的分辨率。目镜也是一个放大镜，它的作用就是在显微观察时形成清晰放大的虚像，在显微拍摄时，通过投射目镜在承影屏上得到放大的实像。此外，有些目镜除具有放大作用外，还可以将物镜造像的残余像差进行校正。

图 2-6　光学系统的物镜

图 2-7　光学系统的目镜

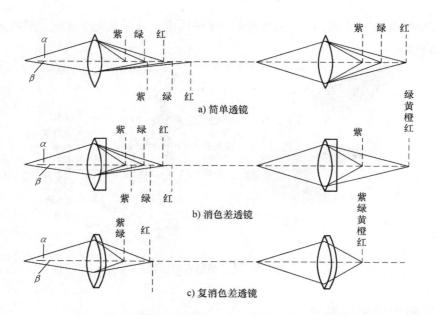

图 2-8　消色差透镜和复消色差透镜的色差校正对比

二、显微镜的照明系统

　　照明系统的作用是根据不同的研究目的调整和改变采光方向，并完成光线行程的转换。照明系统的主要部件是光源（见图 2-9）与垂直照明器。一般金相显微镜采用灯光照明，借助棱镜或其他反射方法使光线投射到金相磨面上，靠金属自身的反射能力，将部分光线反射进入物镜。相较于普通显微镜光源，金相显微镜光源有四大特点：一是发光强度大，并在一定范围内可以实现任意调整；二是光源的强度均匀，可将聚光镜、毛玻璃等放置在光路的适当位置以获得均匀的光束；三是光源的发热程度不宜过高，以免损伤仪器的光学附件；四是光源的位置具有可调整性，可进行高低、前后、左右移动。目前，金相显微镜中应用最普遍的是白炽灯和氙灯。白炽灯也就是钨丝灯，一般中小型金相显微镜都配有钨丝灯，工作电压一般为 6～12V，钨丝灯的功率为 15～30W。氙灯是球形强电流的弧光放电灯，辐射出从紫外线到接近红外线的连续光谱，具有亮度大、发光效率高及发光面积小等优点。

a) 钨丝灯   b) 氙灯

图 2-9   光源

金相显微镜的光源一般位于镜体的侧面，与主光轴正交，因此需要一个起光路垂直换向作用的垂直照明器。垂直照明器的种类有平面玻璃、全反射棱镜、暗场用环形反射镜。由于观测目的不同，金相显微镜对试样的采光方式也不相同，通常可分为明场和暗场。明场是金相研究中的主要采光方法，垂直照明器将来自光源的光线转向，并照射在金相试样的表面，由试样表面反射的光线经物镜和目镜成像。暗场则是使入射光束绕过物镜斜射在目的物上，这样的光束靠环形光阑及环形反射镜获得。

光路系统的其他主要附件有光阑和滤色片。在金相显微镜的光路系统中，一般装有两个光阑以进一步改善成像质量，靠近光源的一个叫作孔径光阑，后一个叫作视域光阑。孔径光阑的作用是控制入射光束的大小；视域光阑用于改变视场大小。滤色片的作用是吸收白色光源中波长不符合需求的部分，让特定波长的光线通过，因而，滤色片是金相显微摄影中一个有力的辅助工具，用以得到优良的金相照片。

三、显微镜的机械系统

显微镜的机械系统主要由底座、载物台（见图 2-10）、镜筒、调节螺钉及其他照相部件等组成。底座起着支撑整个镜体的作用，载物台用于放置金相样品，镜筒起连接作用，调节螺钉用于调节镜筒的升降。

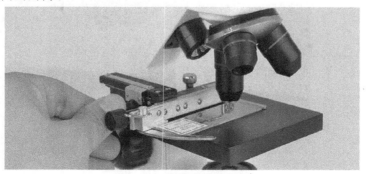

图 2-10   显微镜的载物台

显微镜的照相装置将在第六节进行具体介绍。

第三节　光学显微镜的分类

一、按外形分类

普通光学显微镜的类型很多，通常可分为台式、立式和卧式三大类。

1）台式显微镜具有体积小、重量轻、携带方便等优点，部分台式显微镜配备摄影附件，但摄影幅面较小。多数采用钨丝灯泡作为光源，仪器有直立式光程和倒立式光程两种。台式显微镜主要由四部分构成：第一部分是显微镜筒、上装目镜、下配物镜；第二部分是镜体，包括座架及调焦装置；第三部分是光源系统，包括光源、灯座及垂直照明器；第四部分为样品台。

2）立式显微镜是按倒立式光程设计的，与台式显微镜相比，其附件多，使用性能广泛，可做明场、暗场、偏光观察与摄影等。与大型显微镜相比，具有体积小、结构紧凑、重量轻、使用方便等优点。

3）大型卧式显微镜也是按倒立式光程设计的，其设计较为完善，对各种光学像差校正较好，具有优良的观察和摄影像质。图 2-11 所示为常见的显微镜。卧式显微镜体积较大，功能较全面，随着技术的不断进步、设备的小型化，台式显微镜逐步取代了卧式显微镜。

a) 正立式金相显微镜

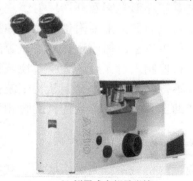

b) 倒置式金相显微镜

c) 卧式显微镜

图 2-11　常见的显微镜

二、按用途分类

显微镜按用途可分为偏振光显微镜、干涉显微镜、相衬显微镜，以及高温、低温金相显微镜等。

1. 偏振光显微镜

偏振光显微镜通常用于金相和岩相的分析。与普通光学显微镜相比，偏振光显微镜（见图2-12）增加了起偏镜和检偏镜两个附件。起偏镜的作用是产生偏振光；为了分辨光的偏振状态，在起偏后加入同样一个偏光镜，能鉴别起偏镜造成的偏振光，称为检偏镜。不同状态的偏振光，通过检偏镜后，将有不同的发光强度变化规律。

金属材料按其晶体结构不同，可分为各向同性材料和各向异性材料。如果金属具有各向同性的特征，一般情况下对偏振光不起作用。如果金属材料具有各向异性特征，那么这种材料对偏振光反应极为灵敏。理论上，在正交偏振光下，能直接观察到一个各向异性多晶体磨面的组织而不需要进行化学侵蚀。因为磨面上

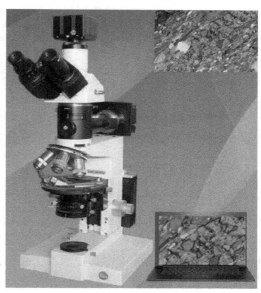

图 2-12　偏振光显微镜

每个晶粒的光轴各不相同，晶粒的明暗就有差别。对于具有各向异性的多晶体金属，其晶粒在正交偏振光下，可以看到不同的亮度，亮度不同表明晶粒位向的差别，具有相同亮度的两个晶粒有相同的位向。对于铝合金，通常会进行阳极覆膜处理，在偏振光下，可以看到彩色的晶粒，不同颜色的晶粒代表不同的晶粒取向。此外，偏振光显微镜还可以进行多相合金的相分析以及非金属夹杂物的鉴别。

2. 干涉显微镜

干涉显微镜（见图2-13）是利用光的干涉原理来提高显微镜的垂直鉴别能力。现代金相显微镜一般都带有干涉部件，它能显示试样表面的微小起伏，常用于观测表面浮凸部分的几何外形和尺寸，如表面光洁度的测量、形变滑移带的观测以及裂纹扩展等方面的研究。干涉显微镜，在金相分析中的应用主要是观测金相磨面的微观几何外形和高度差。第一，金属塑性变形组织的研究不仅可以显示金属形变后的表面形貌，而且能够

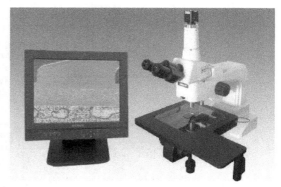

图 2-13　干涉显微镜

正确测量表面滑移带的高度。第二，表面浮凸的观察能有效地鉴定相变组织。第三，螺旋状成长的晶体研究。

3. 相衬显微镜

相衬显微镜是利用特殊相板的作用，使不同位相的反射光发生干涉或叠加，借以鉴别金

相组织，故又称为相差显微镜。相衬金相显微镜一般用于高度差在 10～150nm 范围内的组织的观察，金相试样制备要求较高，要求磨痕较少并适度地腐蚀。目前在光学金相分析中，提高组织衬度的途径有两个：一方面，改变试样的表面状态，即通过相关方法使不同组织形成一定厚度的薄膜，由于干涉而呈现颜色衬度；另一方面，偏振光干涉相衬装置将具有微小位相差的光转化为具有较大强度差的光，以提高衬度。试样表面高度差在几个纳米到几十纳米范围，均能清楚地被相衬显微镜所鉴别。

第四节　金相试样切割和镶嵌

对于需要进行微观组织观测的材料，取样部位是否合理将直接影响检测结果正确与否。通常根据检测的目的和要求，确定金相试样的截取部位。

一、试样切割

无论用什么方法截取试样，在截取的过程中，最重要、最基本的原则就是保证材料的组织不发生变化，如果组织发生了改变，检验结果就毫无意义了。为了防止组织发生改变，切割时必须注意两点：第一，在切割时，防止试样发生塑性变形。比如，有些强度相对较低的有色金属，在截取过程中因受力而发生晶粒被压缩、拉伸或扭曲的现象。第二，防止金属材料因受热引起金相组织发生变化。比如有些金属材料，其熔点较低，切割过程中的摩擦和塑性变形产生的热量，可能会引起再结晶和晶粒长大现象，使试样原始微观组织发生改变。因此，试样在切割时应尽量减少变形和发热。目前，切割试样的工具有很多，如手锯、锯床、砂轮切割机、显微切片机以及化学切割装置等。可根据零件大小和材料强度，选择合适的切割方法。通常采用电火花线切割来截取金属试样，它是利用钼丝与试样间的瞬间放电，在液态介质中进行切割。这种设备的主要优点是被切割的试样表面平整，光洁度好，无放热与变形，软硬材料都可切割。电火花切割机的工作原理与外形如图 2-14 所示。

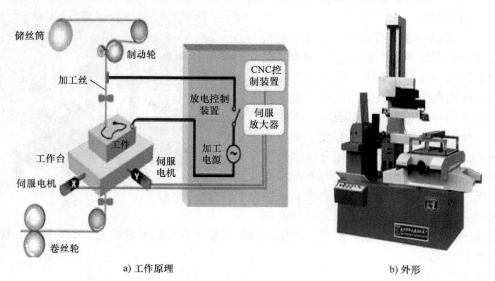

a) 工作原理　　　　　　　　　　　　　　b) 外形

图 2-14　电火花线切割机的工作原理与外形

二、试样镶嵌

金相试样的尺寸不宜过大或过小，若试样尺寸太小则拿起来不方便；若试样尺寸过大则研磨的工作量增大，磨面上的磨痕及其他缺陷很难完全消除。经过切割磨平的试样，如果形状尺寸合适，便可直接进行磨光和抛光操作，但是如果试样形状不规则，在磨光抛光过程中不方便夹持，需要镶嵌以便操作。此外，对于比较软的、易碎的、需要检测边缘组织的试样，一般都需要进行镶嵌。目前，应用比较广泛的方法有塑料镶嵌法和机械夹持法。按照镶样所用塑料的性质和工艺，把塑料镶嵌法分为两种：一种是在加热加压条件下凝聚成形的，称为热压镶嵌；另一种则是在室温浇注成形的，称为浇注镶嵌。热压镶嵌通常是采用热凝树脂、电木粉和邻苯二甲酸二丙烯。热压镶嵌在镶样机上进行。镶样机（见图2-15）主要包括加压设备、加热设备和压模三部分。用电木粉镶样加热温度一般在135～170℃范围内，相应的加压压力为17～29MPa。在加热加压过程中，电木粉已聚合成大分子络合物，高温下已成为坚硬的凝聚块，电木粉镶样所需的时间较短，如果是连续镶样，因为模具已加热，镶样时间更短。镶样温度的选取要适当，如果过高电木粉会烧坏，也会产生裂纹，镶样温度如果过低或在加热温度范围内停留时间太短，镶嵌的试样会变得疏松。

对于不能被加热和加压的试样、形状复杂的试样和多孔试样，则可以采用浇注镶嵌。采用的镶样（见图2-16）材料是树脂＋硬化剂，常见的冷镶用的树脂有聚酯树脂、丙烯树脂和环氧树脂等，其中环氧树脂使用最多，固化剂一般用胺类，浇注镶嵌时把一定量的树脂和固化剂彻底混合后进行浇注，在室温固化数小时即可。

图2-15 镶样机

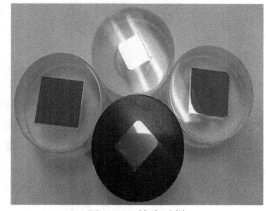

图2-16 镶嵌试样

在镶嵌过程中，选择相应的塑料，应考虑以下几点：一是镶样塑料必须不溶于酒精，因为试样制备过程中经常用酒精清洗；二是镶样塑料应该有足够的硬度，因而试样在抛光过程中不易凸出平面；三是镶样塑料有较强的耐蚀能力，对所用化学试剂不起作用或者起微弱作用；四是镶嵌方便，镶嵌时间不长，也不易出现缺陷。

第五节 金相试样的研磨和腐蚀

一、试样研磨

经截取镶嵌好的试样，若表面粗糙、形变层较厚，则必须经过磨光与抛光两个步骤。磨光是为了消除取样产生的变形层以及前一道次磨光产生的变形层，一般需要不同粒度的砂纸（见图 2-17）逐步磨光，使表面变形层逐渐减小。目前金相用的砂纸有两类：一类是干砂纸，由混合刚玉磨料制成，这种砂纸的黏结剂通常是溶于水的，所以这类砂纸必须干用，或者在无水的润滑剂条件下使用；另一类砂纸是水砂纸，由碳化硅磨料、塑料或者非水溶性黏结剂制成。磨光操作一般分为两种：一种是手工磨光；另一种是机械设备磨光。手工磨光是金相试验普遍使用的方法，将砂纸平铺在玻璃板或金属板上，一手将砂纸按住，另一手将试样磨面轻压在砂纸上，并向前推行，直到试样磨面上仅留有一个方向的均匀磨痕为止。在试样上所施加的压力要均匀，磨面与砂纸必须完全接触，使整个磨面均匀地进行磨削。在磨光的回程中，将试样提起拉回，不宜与砂纸接触。下一道次的打磨方向应与上一道次的磨痕夹角大于 45°，即尽量去除上一道次的磨痕。值得注意的是，过旧的砂纸不宜使用，应及时更换，避免试样表面产生新的塑性变形。

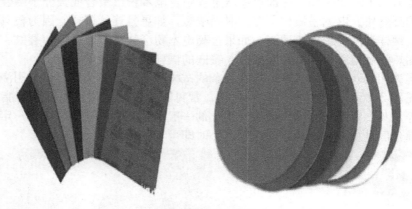

图 2-17　砂纸和抛光布

　　当大量金相试样需要磨光时，就需要更高效的自动研磨机（见图 2-18）进行机械磨光来替代手工操作。将各种粒度的砂纸黏附在电动机带动的圆盘上进行磨光。通常转速为 150～1200r/min。磨光时用力要轻且均匀，注意不要使试样发热。

图 2-18　自动研磨机

金相试样经磨光后，表面有细微磨痕，这些磨痕将影响正确的组织观测，因而必须进行抛光。抛光的基本方法有机械抛光和电解抛光两种，其中机械抛光是最普遍、应用最广泛的方法。抛光结果的好坏与磨光是密切联系的，抛光前应仔细检查磨面的磨光质量，然后再进行抛光。机械抛光时，将帆布或者尼龙固定在抛光盘上，将溶有磨粉的水悬浮液洒在这些织物上，开动抛光机（见图2-19），使试样磨面接触磨料和抛光织物进行抛光操作。机械抛光主要有两个步

图2-19　抛光机

骤：首先进行粗抛，然后是细抛。抛光时要将试样拿稳，保证水平，并与抛光织物接触，压力应适当。如果用力过大，试样表面易发热变灰暗，如果用力太小，则会耗费较长的时间。在抛光时要将试样抛光盘边缘到中心往复移动。抛光时要不断地添加磨料和润滑液，倾洒在抛光织物上。开动抛光机之前，在抛光织物上倾洒足够量的抛光液，然后在抛光过程中根据需要少量地滴洒。

电解抛光是一种重要的抛光方法，它对于机械抛光有困难、硬度低、易加工硬化的金属材料有良好的效果。电解抛光时应将试样放入电解液中，接通试样与阴极间的电源，在一定条件下，可以使试样磨面产生选择性的溶解，使磨面逐渐变得光滑、平整。尽管电解抛光有许多优点，但仍不能完全替代机械抛光，因为电解抛光对金属材料化学成分的不均匀性、显微偏析等特别敏感，所以具有偏析的金属材料难以进行电解抛光。

二、试样腐蚀

抛光好的金相试样通常要进行腐蚀。常见的腐蚀方法主要有化学腐蚀和电解腐蚀。腐蚀剂是用于显示金相组织的特定化学试剂，各种金属和合金的腐蚀剂可查阅有关手册。把抛光好的试样表面彻底清洗干净，最好立即用腐蚀剂腐蚀、腐蚀的操作方法有两种：一种是侵入法，把抛光面向下倾入盛有腐蚀剂的玻璃器皿中，不断摆动，一定时间后取出，立即用水冲洗，再用酒精漂洗，然后用风吹干，这样就可以在显微镜下进行观测；另一种是擦拭腐蚀法，用沾有腐蚀液的脱脂棉擦拭抛光面，待一段时间后停止擦拭。金相试样抛光后，最好立即进行腐蚀；否则将因抛光面上形成氧化膜而影响腐蚀效果。当腐蚀不足而腐蚀得太浅时，最好重新抛光再腐蚀；当试样腐蚀过度而腐蚀太深时，必须重新抛光再腐蚀，必要时还要用细砂纸磨光。电解腐蚀则是将试样侵入合适的化学试剂中，通以较小的直流电进行腐蚀，主要用于化学稳定性较高的合金，这些合金用化学腐蚀，很难得到清晰的组织，用电解腐蚀效果好，设备也不复杂。

第六节　金相显微镜的摄影和图像分析

一、显微拍摄

显微拍摄是指采用摄影的形式（见图2-20）将微观组织进行对比研究和保存。近年来，

计算机技术、数码技术及信息技术等领域快
速发展，为金相技术的发展提供了有效途
径。传统获得金相照片的方法是在光学显微
镜上加普通照相机，经过拍照、底片冲洗、
底片晾干、相纸曝光、相纸冲洗、相纸烘干
和相纸剪裁等大量耗时的暗室工作才能完
成。现在，借助数码技术和计算机技术发展
起来的金相显微镜是一种常见的光学显微
镜，它由显微镜、光学硬件接口、数码相
机、计算机、应用软件包等组成，可以实现
金相照片的获取、自动标定、存储、查询和

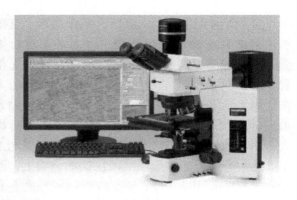

图 2-20　金相显微镜的摄影系统

打印输出等工作。这样既取消了大量繁杂的暗室工作，又节省了材料，并使照片的保存、查
询、传输实现了数字化管理。

图像分析技术主要由图像获取技术和图像分析技术两部分组成。数码相机系统一般由硬
件和软件两部分组成，硬件部分由光学显微镜、计算机、图像监视器、图像复制机、摄像
机、计算机内载图像采集板卡及打印机等组成。软件部分由一些专用的图像分析软件构成。

数码相机系统一般在 Windows 下运行，界面直观，操作简便，借助通用的软件进行图像
采集及处理。工作原理是利用摄像头，通过专门接口与显微镜相连，把放大的试样微观组织
图像依次从复制机、计算机传送到监视器上，同时将模拟信号转化成数字信号，由计算机的
图像分析软件对图像进行分析。

二、图像分析

图像分析技术的基本步骤主要包括图像获取、图像净化、叠加、二进制运算、测量、数
据分析、存档和分发。

1）图像获取是通过照相机或数码相机得到想要的图像，因为可选择的照相机种类很
多，所以视频显微系统要有很好的兼容性，黑白或彩色模拟信号 CCD 相机是最常用的设备。

2）图像净化就是图像的强化，主要通过灰度滤色片来实现。滤色片具有边缘检测、图
像强化和灰度修正几种功能。图像净化主要是修正整个图像的像素值，可通过两种方法来完
成：调整反差和明亮的偏差；与相邻的像素进行比较。测量一般有两种方式：一种是交互式
测量或半自动式测量；另一种是全自动测量。

3）叠加是用不同色彩覆盖的数位平面来表示像素灰度或彩色值的一种方法。数位平面
是一个二进制的平面，被放在图像平面上，用来叠加要检查的相。叠加程序完成后，图像内
不同的相和组织特征就被不同的彩色数位平面覆盖。不同的相或组织特征区，由于处于相似
的灰度等级范围内，所以可以用同一彩色数位平面来检测。

4）二进制运算就是根据形态和尺寸，用同一数位平面进行分离和分级，但并不是所有
的图像都能按要求被检测。

5）视场测量主要是对整个视场或图像的一部分进行测量，对选定区域提供的是单个测
量结果的总和，只有多个视场被分析时才会用到统计技术。本方法可以用于观察试样不同视
场中显微组织的区别。

6）测量完毕后，可以对组织进行分析，分析晶粒度、晶粒的外形和尺寸，以及第二相的形态、尺寸和分布，最后将数据进行存档和分发。

第七节　光学金相显微术的案例解析

案例一　挤压态铝合金压缩变形前后的金相组织

1. 待测材料应用背景

铝合金具有低密度、比强度高、成形性能优异和耐蚀性强等特点，在制造业领域得到了广泛的应用。为了提高铝合金部件的力学性能，通常采用挤压、轧制和冲压等塑性变形加工和成形。塑性变形后材料的微观组织会显著影响材料的力学性能。在设计和制造铝合金零件时需要考虑材料的微观组织特征，通过调控材料的微观组织特征以提高合金部件的力学性能一直都受到极大的关注。

2. 待测材料样品的制备与测试仪器型号

通过线切割切取试样，采用由粗到细的砂纸进行粗磨和细磨，选用颗粒度为 $1.5\mu m$ 的抛光膏进行抛光，然后进行阳极覆膜，阳极覆膜液为 5% 的氟硼酸水溶液，覆膜电压为 20V，覆膜时间为 $1\sim3min$。阳极覆膜后在 MM—6 型卧式金相显微镜上分别观察型材样品的金相组织形貌。

3. 测试结果与分析

图 2-21 给出了铝合金挤压棒材原始试样的金相组织。由图可知，在发生塑性变形的过程中，晶粒沿着挤压方向被拉长，晶粒组织呈现明显的纤维状。研究表明，纤维晶粒是一种典型的强变形组织，晶粒的分布具有很强的取向性。

图 2-22 所示为挤压态铝合金沿挤压方向压缩变形后的金相组织。由图可知，纤维晶粒沿着与加载方向成 45° 或 135° 角的方向发生了扭曲变形。在压缩变形过程中，晶粒组织由于受到外力的作用发生变形，而在变形过程中，不同部位的晶粒组织受力是不均匀的，在主要受力的晶粒部位会因为剪应力集中而导致晶粒发生局部扭曲变形。

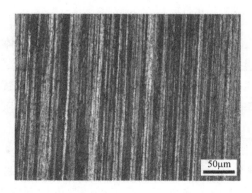

图 2-21　挤压态铝合金沿挤压方向的金相组织

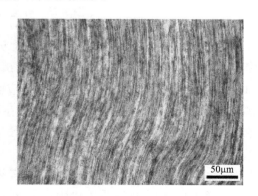

图 2-22　挤压态铝合金沿挤压
方向压缩变形后的金相组织

案例二　Mg – Gd – Y – Zr 合金的热变形金相组织观察

1. 待测材料应用背景

镁合金在航空航天领域有着广阔的应用前景，但是镁合金的高温力学性能较差，因此开发高强度耐热镁合金越来越受到人们的重视。添加 Gd、Y 等稀土元素能够提高镁合金的耐热性能以及高温力学性能。Mg – Gd – Y – Zr 系合金是一种新型高强度耐热镁合金，其性能明显高于目前应用广泛的 WE54、ZM6 等耐热镁合金。

2. 待测材料样品的制备与测试仪器型号

试验所用材料为 Mg – Gd – Y – Zr 合金铸锭。熔炼过程是在自制的带有抽真空、氩气保护和水冷装置的不锈钢坩埚中进行的，Gd、Y、Zr 分别以 Mg – Gd、Mg – Y、Mg – Zr 中间合金的形式加入，通过电阻炉加热和插搅使中间合金均匀化。熔炼温度保持在 850℃ 左右，充分熔化后加入 Mg – Zr 中间合金，加精炼熔剂搅拌后保温 15min，分别在金属模和薄壁不锈钢管中浇注。

铸锭经 793K 均匀化处理 24h 后，用线切割机切割成尺寸为 10mm × 10mm × 15mm 的压缩试样。金相观察试样是抛光后用 10% 的酒石酸溶液进行腐蚀 6s，在 XJP – 6A 金相显微镜下观察。铸态及均匀化后的组织如图 2-23 所示。铸锭均匀化处理后，非平衡相已经完全消失，但是晶粒明显长大。

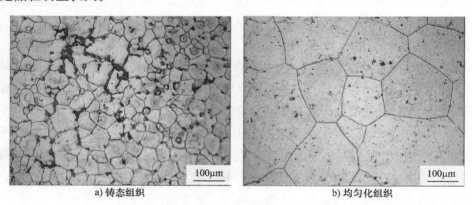

a) 铸态组织　　　　　　　　　　　　　　　b) 均匀化组织

图 2-23　合金的铸态以及均匀化组织

热压缩试验在 Gleeble—1500 试验机上进行，试样在压缩前两端涂上含有石墨的固体润滑剂，以减少压缩时试样两端的摩擦力。试样产生压缩变形的温度范围为 623 ~ 773K。试样在 1min 内上升到指定温度，保温 3min，应变速率在 $0.01 ~ 1s^{-1}$，最大变形量为 80%。试样压缩后立即水淬，以保留组织，避免其发生静态再结晶。试验数据由计算机自动采集，压缩后的样品沿垂直于压缩方向切开制成金相试样。

3. 测试结果与分析

图 2-24 所示为三种变形参数下的动态再结晶组织。左侧为金相显微组织，右侧为扫描电子显微组织。动态再结晶通常从晶界开始，在高温变形条件下，晶界处的强度比晶内低，不平直的晶界在外加应力的作用下发生变形，使晶界及其附近的位错密度增加，当位错密度

达到一定的临界值时，再结晶晶粒首先在此区域形核并长大，包围了基体晶粒，新的晶粒又在正在长大的再结晶晶粒边界形核并长大。变形温度较低时，再结晶晶粒的直径比较小，如图 2-24a 所示。随着变形温度的升高，镁的非基面滑移系被逐渐激活，晶界扩展和晶界迁移的能力增加，晶内的变形逐渐增加，使晶内和晶界上的变形逐渐均匀，当应变足够大时，发生完全再结晶。同时再结晶晶粒长大的动力也逐渐增大，变形后的晶粒尺寸也基本均匀，再结晶晶粒尺寸长大，形成图 2-24b 所示的完全再结晶组织。图 2-24a 与图 2-24c 所示为相同温度条件下的压缩组织。当应变速率为 $0.01s^{-1}$ 时，如图 2-24a 所示，再结晶晶粒大多在晶界处生成，在金相组织中可以观察到许多细小的等轴晶粒组成晶带包围在大晶粒周围。随着应变速率的增加，如图 2-24c 所示，细晶区的面积逐渐增大，只有少数区域能观察到被拉长的原始晶粒，从右图的扫描组织可以看出，大多数晶粒都被细小的等轴晶所取代。该应变速率下，压缩后的组织与应变速率低时相比变得更加均匀。这是因为当应变速率增加时，变形过程中产生的位错来不及抵消，使晶粒内部的位错增多，更易于在晶内形成核。

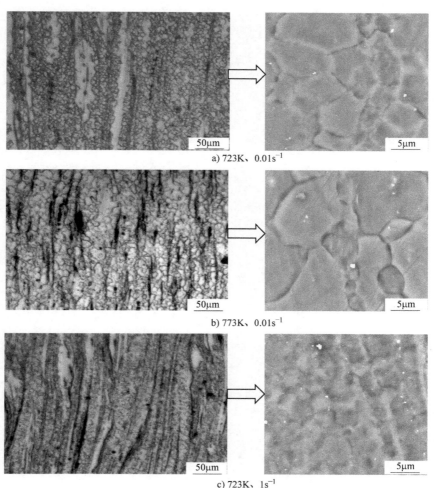

a) 723K、$0.01s^{-1}$

b) 773K、$0.01s^{-1}$

c) 723K、$1s^{-1}$

图 2-24 试验合金在不同条件下压缩后的微观组织

复习思考题

1. 采用金相砂纸逐道次打磨试样时，若砂纸过旧，会导致什么不当结果？
2. 在抛光试样时，对于不同硬度的试样，选择抛光粉的一般原则是什么？
3. 采用金相显微镜观察分析试样显微组织时，应遵循的一般原则是什么？

第三章　X射线衍射物相分析术

人类利用某种规律的时候，不一定非常了解这种规律的本质。例如，X射线被人们发现仅半年，就被医学界用来进行骨折诊断和定位，随后又用于检查铸件中的缺陷等。这些应用使得人们在对X射线的性质还不十分了解的情况下，便创造了X射线透视技术（Radiography）。1912年，X射线的诸多性质已经被探明，这一年德国物理学家劳埃以其创造性的试验，发现了X射线在晶体上的衍射（X–Ray diffraction）。既证明了X射线是一种光，具有波动性，同时又证实了晶体结构的周期性。于是研究物质微观结构的新方法不断涌现，X射线的发现和应用，使人们对晶体的认识从光学显微镜的微米级深入到X射线衍射的纳米级，更加接近对其本质的认识。本章介绍X射线的发现与应用对现代物理学的影响以及X射线在工程领域中的应用。

9. 一部介绍X射线
衍射原理的老电影

第一节　X射线的性质与产生

第一章曾介绍过光源在工程材料表征技术中的重要性。光学金相显微镜的光源是可见光，X射线衍射仪的光源是X射线。本节介绍X射线这种光源的性质及其产生原理，将涉及X射线的本质、X射线的产生及X射线的安全防护。

一、X射线的本质

从本质上看，X射线就是一种电磁辐射，这一点与可见光完全相同，所不同的是X射线的波长较短、能量更高。因此，X射线也具有波粒二象性。X射线的波动性表现在，以晶体作为光栅能发生衍射现象。如图3-1所示，它的波长范围是 0.001 ~ 1000Å（埃）。我们知道，波长的度量单位 Å 与国际计量单位中的 nm 和 m 之间的换算关系是，$1nm = 10Å = 10^{-9}m$。其中，我们把波长较短的X射线称为硬X射线，将其用于晶体结构分析，它的波长范围是 0.5 ~ 2.5Å，穿透能力强，能量高；用于金属部件无损探伤的X射线波长更短，穿透能力更强，能量更高一般为 0.05 ~ 1Å。我们把波长较长的X射线称为软X射线，它的能量较低，穿透能力弱，用于医学透视。

X射线的粒子性表现在，它是由大量的不

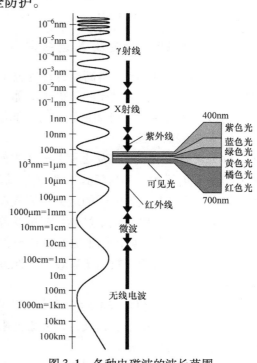

图3-1　各种电磁波的波长范围

连续粒子流构成的，具有一定的质量、能量当与物质相互作用时发生能量交换，产生光电效应和二次电子等。

10. 光电效应　　　　　11. 二次电子

X 射线光子的能量 ε 与频率 ν、波长 λ 之间存在一个重要的关系式，即

$$\varepsilon = h\nu = \frac{hc}{\lambda} \tag{3-1}$$

由于

$$\varepsilon = \frac{hc}{\lambda} \tag{3-2}$$

且

$$c = \lambda\nu$$

故

$$\varepsilon = h\nu$$

式（3-2）体现了 X 射线波动性和粒子性的辩证统一。等式的左边代表了粒子的能量；等式的右边包含了波动性的频率与波长。可以用一句话来概括 X 射线的本质：它是一种波长较短但能量较高的电磁波。

二、X 射线的产生及 X 射线谱

X 射线产生的原理：当高速运动的电子与物体碰撞时，发生能量转换，加速电子的运动受阻，失去动能，其中一小部分能量转变为 X 射线，其他绝大部分能量转变为热能使物体温度升高。

12. X 射线产生的原理

1. X 射线的产生

封闭式的 X 射线管实质上就是一个大的真空二极管。图 3-2 所示为产生 X 射线的一种封闭式 X 射线管及其内部结构。它的基本组成有阴极、阳极靶、窗口及焦点。阴极是发射电子的地方；阳极靶使电子突然减速，也是产生 X 射线的地方，阳极靶通常需要冷却以避免靶过热；窗口通常由金属铍或硼酸铍锂构成的林德曼玻璃制成，是 X 射线从阳极靶向外射出的地方，窗口与靶面常成 36°的倾角以减少靶面对出射 X 射线的阻挡；焦点是指阳极靶面被电子束轰击的地方，加速电子通过聚焦杯聚焦于这个焦点，然后发射出 X 射线。

我们可以通过动画来演示 X 射线在 X 射线管中的产生过程。首先是自由电子在阴极产生，在加高压之后电子加速飞行，并轰击阳极靶材。加速电子突然减速后，从铍窗口辐射出 X 射线再照射到待测样品上。

X 射线产生的条件可以概括为：①自由电子的产生；②电子做定向高速运动；③在电子

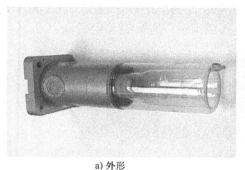

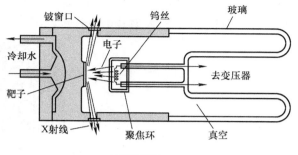

a) 外形　　　　　　　　　　　　　　　　　b) 内部结构

图 3-2　封闭式 X 射线管的外形及其内部结构

运动的路径上设置障碍物，电子突然减速或停止。

2. X 射线谱

现在来看看 X 射线管产生 X 射线的特点。高速电子束轰击金属靶时会产生两种不同的 X 射线：一种是连续 X 射线；另一种是特征X 射线，如图 3-3 所示。它们的性质不同，产生的机理不同，用途也不同。

13. X 射线产生的条件

（1）连续 X 射线　正如太阳光包含有红、橙、黄、绿、蓝、靛、紫等许多不同波长的光一样，从 X 射线管中发出的 X 射线也不是单一波长（单色）的，而是包含许多不同波长的 X 射线，这些波长构成连续的光谱，而且是从某一最小值开始的一系列连续波长的辐射。它与可见光中的白光相似，故又称为白光 X 射线。在不同的加速电压下，X 射线的强度随波长的变化情况如图 3-3 所示。

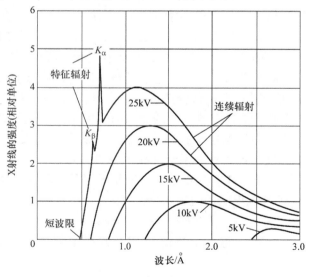

图 3-3　X 射线谱

（2）连续 X 射线产生的机理　按照量子理论，当高速电子撞击靶中的原子时，电子失去自己的能量，其中大部分能量转化为热能，很少一部分能量以光子（X 射线）的形式辐射出来。一个光子的能量为 $h\nu$ ；由于单位时间内到达靶表面的电子数量很多，各个电子的能量各不相同，产生的 X 射线的波长也就不同，于是形成了一个连续的 X 射线谱。

14. 连续 X 射线产生原理

（3）特征 X 射线（标识 X 射线）　从图 3-3 可见，当电压加到 25kV 时，Mo 靶的连续 X 射线谱上出现了两个尖锐的峰 K_α 和 K_β 。放大后可以看到，K_α 还包括两个峰。

随着电压的增大，其强度进一步增强，但波长不变。也就是说，这些谱线的波长与管压和管流无关，而与靶材有关。对于给定的靶材，它们的这些谱线是特定的，因此，称之为特征 X 射线或标识 X 射线。产生特征 X 射线的最低电压称为激发电压。

英国物理学家莫塞莱于 1913 年总结了特征 X 射线波长与靶材原子序数之间的关系，后来称为莫塞莱定律，即

$$\sqrt{\frac{1}{\lambda}} = K(Z - \sigma) \qquad (3-3)$$

式中　λ——X 射线的波长；

　　　Z——原子序数；

　　　K——与靶中主元素有关的常数；

　　　σ——屏蔽常数，与电子所在的壳层有关。

反过来，如果能检测到材料中元素发射的特征 X 射线的波长，就能知道产生这些特征 X 射线的元素是什么。这就是 X 射线荧光光谱和电子探针分析的理论基础。

（4）特征 X 射线产生的机理　特征 X 射线的产生主要与原子内部电子的激发与跃迁有关。众所周知，原子中电子是按一定的规则分布在原子核外不连续的轨道（壳层）上。这些轨道标识为 K、L、M、N 等，它们具有特定的能级。当原子受到高速电子的撞击时，如果这些电子束的能量足够大，就会将原子内层的电子打出去，这一过程称为激发。K 层电子的打出称为 K 系激发，依次有 L 系激发和 M 系激发等。

15. 特征 X 射线
产生原理

电子束要能激发内层电子，如 K 层电子，其能量 E 必须大于 K 层电子与原子核的结合能 E_k 或 K 层电子的逸出功 W_k ，即

$$E \geq E_k \quad 或 \quad E \geq W_k$$

最低的临界状态下 $E = W_k$ ，这就是特征 X 射线的产生须具有一个临界的激发电压的原因。

当内层电子被激发后，便在原有的位置上留下一个空穴；外层高能级上的电子必然会来填补此空穴，这一过程称为跃迁。跃迁的过程伴随着能量的释放，其中一种重要的形式是以光子的形式辐射，这就是 X 射线的发射。辐射光子的能量等于两个能级之间的能量差。例如，L—K 层电子的跃迁为

$$\Delta\varepsilon_{K_L} = \varepsilon_L - \varepsilon_k = h\nu = \frac{hc}{\lambda}$$

原子内部电子轨道间的电子跃迁产生的射线波长在X射线的范围之内。原子中各电子层间的能量差是一定的，所以由此产生的X射线波长是一定的。这就是特征X射线产生的机理。

按照光谱学上的定义，电子跃迁到K层产生的辐射称为K系辐射，依次还有L系辐射和M系辐射。同时，按电子跃迁时所跨越的能级数目不同，可进一步对辐射系进行标识。跨越一个能级的标记为α，跨越两个能级的标记为β。因此，K系辐射就有L—K发射的K_α和M—K发射的K_β。

各电子层的能级差如图3-4所示。由于$\Delta\varepsilon_{K_M} > \Delta\varepsilon_{K_L}$，所以$K_\beta$的波长小于$K_\alpha$的波长。

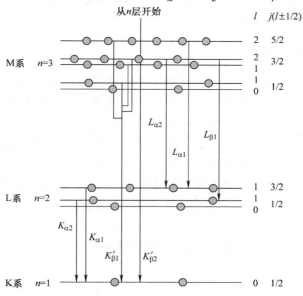

图3-4　电子层能级分布及其受激辐射

由于L—K跃迁的概率比M—K跃迁大5倍左右，所以，K_α的强度比K_β的大5倍。

此外，由于同一壳层中的电子实际上也并不完全处在同一能级上，它们之间有微小的差别。例如，L层的8个电子分属于L_I、L_{II}和L_{III}三个能级。它们中的电子向K层的跃迁就产生波长有所差别的两条$K_{\alpha1}$和$K_{\alpha2}$。

实验证明，它们分别是L_{III}上的4个电子和L_{II}上的3个电子向K层跃迁的结果。又由于$L_{III}-K$的跃迁概率比$L_{II}-K$跃迁的概率高1倍，所以$I_{K_{\alpha1}} : I_{K_{\alpha2}} \approx 2:1$。

由于$K_{\alpha1}$和K_α波长相差很小，一般将它们视为同一条线K_α。其波长用两者的加权平均，即$\lambda_{K_\alpha} = 2/3\lambda_{K_{\alpha1}} + 1/3\lambda_{K_{\alpha2}}$。

其他如L、M、N系列的辐射强度很弱，波长太长，容易被吸收。所以，通常只能观察到K系特征辐射。它是X射线分析中最常用的X射线。

表3-1给出了常见靶材K系特征X射线的波长、激发电压、工作电压等。需要说明以下两点：

1）工作电压一般是激发电压的3～5倍。因为实验证明，当工作电压是激发电压的3～5倍时，$I_特/I_连$为最大值。

2）实验中，最常用的特征 X 射线是 K_α，最常用的靶材是 Cu 和 Fe。

表 3-1　常用阳极靶材的特征谱参数

元素	原子序数	K 系特征谱波长/nm				激发电压 /kV	工作电压 /kV
		$K_{\alpha 1}$	$K_{\alpha 2}$	K_α	K_β		
Cr	24	0.22896	0.22935	0.22909	0.20848	5.89	20 ~ 25
Fe	26	0.19360	0.19399	0.19373	0.17565	7.10	25 ~ 30
Co	27	0.77889	0.17928	0.17902	0.16207	7.71	30
Ni	28	0.16578	0.16617	0.16591	0.15001	8.29	30 ~ 35
Cu	29	0.15405	0.15443	0.15418	0.13922	8.86	35 ~ 40
Mo	42	0.07093	0.07135	0.07017	0.06323	20.0	50 ~ 55
Ag	47	0.05594	0.05638	0.05609	0.04970	25.5	55 ~ 60

三、X 射线的安全防护

我们对 X 射线的安全防护必须有所了解，X 射线设备的操作人员可能遭受电震和辐射损伤两种危险。电震的危险在高压仪器的周围是经常存在的，X 射线的阴极端是危险的源头。在安装时，应将阴极端安装在仪器台面下方或箱子里或屏幕后等，并对其安全性加以保证。辐射损伤是指过量的 X 射线对人体产生的有害影响，可使局部组织灼伤、人的精神衰退、头晕、毛发脱落、血液的组成和性能改变以及影响生育等。

安全措施有以下几个方面：首先应严格遵守安全条例；其次佩戴笔式剂量仪；第三避免身体直接暴露在 X 射线下；最后定期进行身体检查和验血。

第二节　布拉格方程

布拉格方程由英国的布拉格父子——亨利·布拉格和劳伦斯·布拉格（见图 3-5）于 1913 年共同提出的，并共同获得了 1915 年的诺贝尔物理学奖。布拉格方程是 X 射线衍射理论的基石，它解决了长期困扰科学家们的 X 射线衍射学的关键问题，即晶体结构与衍射方向的关系。

a) 亨利·布拉格(1862—1942)　　　　b) 劳伦斯·布拉格(1890—1971)

图 3-5　布拉格父子

一、布拉格方程的提出

物质与其X射线衍射仪扫描图的关系，就如同一个人与他的指纹的关系或者树种与树叶叶脉的关系那样，具有一一对应的关系。利用这一对应关系，能帮助我们进行物质结构的鉴定。图3-6是某物质的X射线衍射仪扫描图，其横坐标是衍射角度，纵坐标是相对强度。

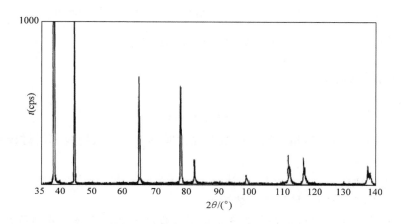

图3-6　某物质的X射线衍射仪扫描图（$Cu_{K\alpha}$照射）

面对该图谱你也许会关心这些问题：①衍射图对应的物质是什么？②为什么在某些位置上有衍射峰，而在其他位置上没有？要回答这些问题就必须从布拉格方程说起。

二、布拉格方程的推导与讨论

X射线在晶体中的衍射现象的实质是大量原子散射波相互干涉的结果。布拉格方程的精妙之处在于，它把晶体理解为由一系列相互平行且间距相等的原子面构成。

1. 方程的推导

16. 三维晶格可看成平行原子面

如图3-7所示，AA 和 BB 是晶体中两个平行的原子面，面间距是 d；在 LL_1 处，有一束平行的X射线，以入射角 θ 照射到原子面 AA 上，在反射方向 NN_1 处，显然两条光线 $L_1M_1N_1$ 与 LMN 的光程是相同的。同时，入射线 L_1M_1 照射到相邻原子面 BB 的反射线为 M_2N_2，那么两条光线 $L_1M_2N_2$ 与 LMN 到达 NN_2 处的光程差是多少呢？根据简单的几何计算，刚好等于图3-7中两个直角三角形中 θ 所对的直角边边长的和，即 $PM_2 + QM_2$，它等于 $d\sin\theta$ 的2倍。

我们学习过波的干涉现象，两列波长相同的波沿着相同的方向传播，什么情况下干涉会加强呢？结论是：当两列波的波程差等于波长的整数倍时，干涉就会加强。而衍射表现出来的结果就是存在衍射峰。如果X射线的波长为 λ，那么，存在衍射峰的条件就是 $2d\sin\theta = n\lambda$，这就是著名的布拉格方程。这个简洁而实用的方程提出仅仅两年时间，就获得了诺贝尔物理学奖。

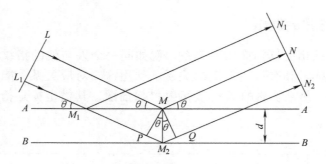

图 3-7 相干波的光程差计算

2. 布拉格方程的讨论

布拉格方程为

$$2d\sin\theta = n\lambda \qquad (3-4)$$

式中　θ——掠射角或布拉格角，指入射线与晶面间的夹角，入射线和衍射线之间的夹角 2θ 称为衍射角；

　　　　n——反射级数；

　　　　d——反射面的间距，是晶体的结构参数。

其他入射光照射晶体材料是否也能产生衍射加强呢？如可见光。答案是否定的。原因是入射光的波长必须足够短才会产生衍射。

（1）产生衍射的极限条件　根据布拉格方程，$\sin\theta$ 不能大于 1。因此，对 X 射线衍射而言，n 的最小值为 1，所以在任何可观测的衍射角下，产生衍射的条件为 $\lambda < 2d$，也就是说，能够被晶体衍射的电磁波的波长必须小于参加反射的晶面中最大面间距的 2 倍；否则不能产生衍射现象。

（2）选择反射　将衍射看成反射是布拉格方程的基础。X 射线只有在满足布拉格方程的方向才能反射，因此称为选择反射。不同于镜面反射，只有在特定的掠射角才会出现衍射峰。布拉格方程简单、明确地指出获得 X 衍射的必要条件和衍射方向，给出了 d、θ、n 和 λ 之间的关系。

三、布拉格方程的应用

根据布拉格方程，X 射线衍射主要有以下两个方面的应用。

1）X 射线结构分析。采用已知波长 λ 的 X 射线照射待测晶体材料，通过衍射角 2θ 的测量，可以计算出晶体中各晶面的面间距 d，这就是所谓的 X 射线结构分析。这是工程材料表征技术需要重点掌握的方法。

2）X 射线光谱分析。如果采用已知面间距为 d 的晶体，接收待测样品激发的 X 射线，通过衍射角 2θ 的测量，可以计算出 X 射线的波长 λ，这就是 X 射线光谱分析。例如，波长色散型的 X 射线荧光光谱分析，用 X 射线照射试样时，试样可被激发出各种波长的荧光 X 射线，需要把混合的 X 射线按波长分开，分别测量不同波长的 X 射线的强度，以定量分析化学元素；又如，可以通过探测外太空某星体辐射出的 X 射线的波长，分析该星体中可能存在的元素和物质。

第三节　厄瓦尔德球图解

上一节我们介绍了布拉格方程。当 $n=1$ 时，布拉格方程的表达式为

$$\sin\theta_{hkl} = \frac{\lambda}{2d_{hkl}} \tag{3-5}$$

式中　θ_{hkl}——hkl 反射面对应的衍射方向；

　　　d_{hkl}——反射面的面间距。

在布拉格父子提出布拉格方程后，德国青年学生厄尔瓦德用直尺和圆规，以简单的几何定理表达了布拉格方程：他把原表达式中的长度都变为它的倒数，d 变成 $1/d$、波长 λ 变成 $1/\lambda$，有：

$$\sin\theta_{hkl} = \frac{\lambda}{2d_{hkl}} = \frac{\dfrac{1}{d_{hkl}}}{2\dfrac{1}{\lambda}}$$

如图 3-8 所示，当入射 X 射线沿着水平方向从 A 点入射，通过 O 点到达 O^* 点。在 O 点放置一块晶面指数为 hkl，反射面面间距为 d 的单晶，以 O 点为球心、以 $1/\lambda$ 为半径作一个球，称为厄瓦尔德球。由于 λ 很小，所以可以想象厄瓦尔德球很大。也正因为这样，位于球心的样品可认为是一个点。球心处的 hkl 反射面，它的法线方向为 n。如果入射 X 射线在反射面 hkl 发生选择反射，反射方向为 OB，连接 AB 和 BO^* 之后就会发现 △ABO^* 为一个直角三角形，而且 ∠A 等于入射角 θ，且等于圆心角 BOO^* 的 1/2。观察发现，∠A 的正弦值等于矢量 O^*B 的长度比上直径的长度。此即为改写之后的布拉格方程。

17. 厄瓦尔德球图解演示

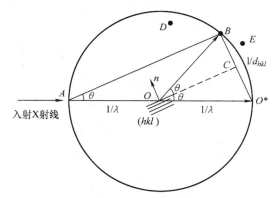

图 3-8　厄瓦尔德球图解

显然，仅当 B 点位于厄瓦尔德球的球面上时方程才会成立。当 B 点不位于球面上时，如 D 点和 E 点，方程都不会成立。当 B 点位于球面上时，AB 对应的正是衍射方向 θ 角；而 B 点的位置取决于矢量 O^*B 的长度，也就是面间距的倒数 $1/d$。这就是厄瓦尔德球图解。B 点就是我们在下一节中要介绍的倒易点。

从图 3-8 中可以看到，只有当倒易点正好位于厄瓦尔德球面上时才能满足布拉格方程，因而，产生的是选择反射。值得注意的是除了 O^*B 这个矢量的端点外，其他结点代表了其

他晶面的倒易点。

图 3-9 是厄瓦尔德球图解的三维情况。不难发现，倒易点阵实际上与晶体结构一样，也是三维的，而且会有多个倒易点同时满足布拉格方程。

下面来整理一下思路。布拉格方程说明晶体结构对应了特定的衍射方向，而倒易点阵可以帮助我们更加直观地理解衍射方向。设想一下，如果需要描述 10 个反射面的选择反射的几何关系，该如何表达？

倒易点阵的优势在于它可以直观地解释各种 X 射线衍射方法，易于表达，为 X 射线衍射电子衍射或中子衍射分析提供便利。倒易点阵的实质是一种数学抽象，一个倒易点可以代替一个正点阵面列。

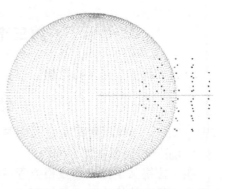

图 3-9　三维的厄尔瓦德球图解

第四节　倒 易 点 阵

下面探讨 X 射线衍射技术，要达到的目标就是鉴定晶体的结构。晶体结构包含两方面的信息：一是原子的种类；二是原子的坐标。

首先回顾一下晶体结构与点阵类型。在地球上，晶体材料可以概括为 7 大晶系；7 大晶系是由 14 种布拉维点阵与阵点代表的结构基元构成。值得一提的是，结构基元不仅仅是原子，而且还可以是原子团。图 3-10 ~ 图 3-16 是 14 种布拉维点阵，是笛卡儿坐标系中原子排列情况的抽象表示。

1. 立方晶系（$a = b = c$，$\alpha = \beta = \gamma = 90°$，见图 3-10）

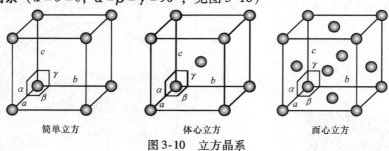

简单立方　　　　　　　　体心立方　　　　　　　　面心立方

图 3-10　立方晶系

2. 正方（四方）晶系（$a = b \neq c$，$\alpha = \beta = \gamma = 90°$，见图 3-11）

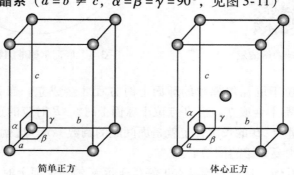

简单正方　　　　　　　　体心正方

图 3-11　正方（四方）晶系

3. 正交（斜方）晶系 （$a \neq b \neq c$，$\alpha = \beta = \gamma = 90°$，见图 3-12）

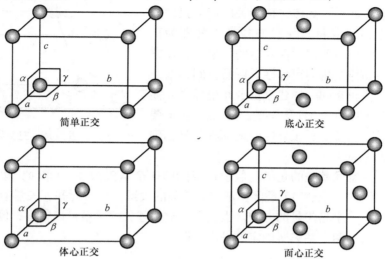

简单正交　　　　　　　　　底心正交

体心正交　　　　　　　　　面心正交

图 3-12　正交（斜方）晶系

4. 菱方晶系 （$a = b = c$，$\alpha = \beta = \gamma \neq 90°$，见图 3-13）

5. 六方晶系 （$a = b \neq c$，$\alpha = \beta = 90°$，$\gamma = 120°$，见图 3-14）

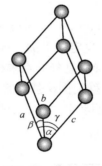

图 3-13　菱方晶系

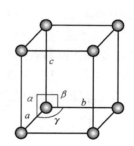

图 3-14　六方晶系

6. 单斜晶系 （$a \neq b \neq c$，$\alpha = \gamma = 90° \neq \beta$，见图 3-15）

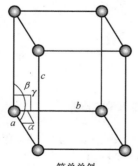

简单单斜

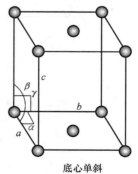

底心单斜

图 3-15　单斜晶系

7. 三斜晶系 ($a \neq b \neq c$, $\alpha \neq \beta \neq \gamma \neq 90°$, 见图 3-16)

发生衍射后，获得与晶体结构相关的衍射强度分布，我们称之为倒易空间。14 种布拉维点阵即为正空间的正点阵。我们需要建立倒易空间的概念，让它能体现正空间中晶体结构的对称性。倒易空间的概念比较抽象，需要像正空间一样建立笛卡儿坐标系才能精确表达倒易空间的点、面及矢量。即三个基本要素，包括坐标原点、规定了正方向的坐标轴与坐标轴的基本矢量（简称基矢）。

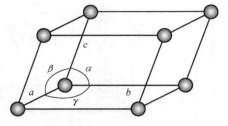

图 3-16 三斜晶系

首先来看倒易空间基矢的定义。假设正空间的 3 个基矢为 a、b 和 c，相应倒易空间的基矢为 a^*、b^* 和 c^*。图 3-17 是倒、正空间其矢的关系。众所周知，矢量有两个要素，一个是矢量的模，另一个是矢量的方向。由倒、正空间基矢的关系可以得出，倒易基矢垂直于正空间与其不同名的两个基矢所确定的平面，即

$$\begin{cases} a^* = \dfrac{b \times c}{V} \\ b^* = \dfrac{c \times a}{V} \\ c^* = \dfrac{a \times b}{V} \end{cases} \tag{3-6}$$

式中　V——正点阵单胞的体积，$V = a \cdot (b \times c) = b \cdot (c \times a) = c \cdot (a \times b)$。

例如，倒易基矢 a^* 垂直于正空间中基矢 b 和 c 所决定的平面，同理可以确定其他倒易基矢方向。根据定义可以得到，倒易点阵与正点阵的异名基矢的点乘积为 0（确定倒易基矢的方向），正点阵与倒易点阵同名基矢的点乘积为 1（确定倒易基矢的模）。最后，倒易空间 3 个基矢 a^*、b^* 和 c^* 的交点即为倒易原点。由此，倒易空间的 3 个基本要素都具备了。

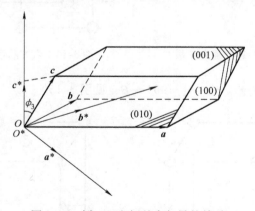

图 3-17 倒、正空间基本矢量的关系

$$a^* \cdot b = a^* \cdot c = b^* \cdot a = b^* \cdot c = c^* \cdot a = c^* \cdot b = 0$$
$$a^* \cdot a = b^* \cdot b = c^* \cdot c = 1$$

在倒易空间里，由倒易原点指向倒易空间任意一点 hkl 的矢量，称为倒易矢量，用 g_{hkl} 表示。倒易矢量 g_{hkl} 可以表示为倒易空间 3 个基本矢量的矢量和，即

$$g_{hkl} = ha^* + kb^* + lc^* \tag{3-7}$$

倒易矢量 g_{hkl} 的方向垂直于正空间的（hkl）面列，倒易矢量 g_{hkl} 的模等于正空间 hkl 面列的面间距。这样倒易空间的倒易矢量和正空间的点阵面就建立了一一对应的关系，如图 3-18 所示。注意，正空间的晶面（hkl）是一个二维的面，而在倒易空间成了一个倒易点或者说是一个矢量 g_{hkl}。

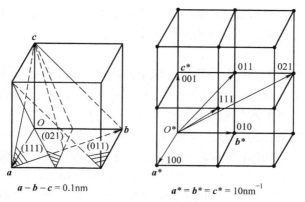

图 3-18　正、倒点阵的几何对应关系

对于正交晶系，倒易基矢的大小和方向都可以确定，a^* 平行于 a，b^* 平行于 b，c^* 平行于 c。

$$\begin{cases} a^* /\!/ a、b^* /\!/ b、c^* /\!/ c \\ a^* = \dfrac{1}{a},\ b^* = \dfrac{1}{b},\ c^* = \dfrac{1}{c} \end{cases} \tag{3-8}$$

如图 3-18 所示，正空间的面（111）、（021）、（011）在倒易空间分别变成了倒易矢量 g_{111}、g_{021} 和 g_{011}。

对称性更高的立方晶系，同指数的晶面和晶向互相垂直，所以，同指数的正空间的晶向与倒易空间的倒易矢量互相平行。比如，立方晶系中，正空间的 [hkl] 方向与（hkl）面互相垂直，正空间的方向 [hkl] 与倒易矢量 g_{hkl} 互相平行。

第五节　X射线衍射（XRD）物相分析

材料的结构决定了材料的性能，如纯铝溶液与钛粉反应得到耐高温、相对密度小的耐热材料，化学反应前后，材料的结构发生了变化，如图 3-19 所示。若用化学分析法，只能分析反应前后材料中都含有铝和钛两种元素，而用 X 射线衍射物相分析，可以鉴定出材料的物相及其结构。

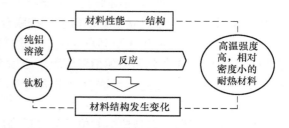

图 3-19　纯铝溶液与钛粉反应框图

根据晶体对 X 射线的衍射特征来鉴定材料的物相与结构的方法称为 X 射线衍射（XRD）物相分析法，一般包括物相定性分析和物相定量分析。

一、XRD 物相定性分析

1. XRD 物相定性分析的原理

X 射线为什么可以进行物相定性分析？这是因为每种晶体都具有特定的结构，在一定波长的 X 射线照射下，不同的晶体结构产生完全不同的衍射花样；而多相物质的衍射花样互不干扰、互相独立，只是进行机械叠加。这与人的指纹是类似的，人不同指纹也不相同。因此，可以根据 X 射线衍射花样来分析试样的物相组成。

2. 粉末衍射卡片

X 射线衍射花样对物相分析非常重要。但衍射花样不便于保存和交流，并且由于拍摄的条件不同，衍射花样形态也不一样，需要一个国际通用的衍射花样标准，既可代表晶体衍射的特征，又不随试验条件的改变而改变。可用 $d-I$ 数据组代替晶体衍射花样，$d-I$ 数据组中的 d 是晶面间距，代表晶胞的形状和大小，I 是强度，代表晶胞内的原子种类和数目。

将已知物质的 $d-I$ 数据组与其他可反映物质特征的数据制成一张卡片，叫作粉末衍射卡片（Power Diffraction File，PDF）。如图 3-20 所示，只需将试样的 $d-I$ 数据组与 PDF 卡片库的 $d-I$ 数据组进行比对，就可以鉴定出试样的物相。这与警察采集犯罪现场的指纹与指纹数据库进行比对来确认犯罪嫌疑人的原理是类似的。

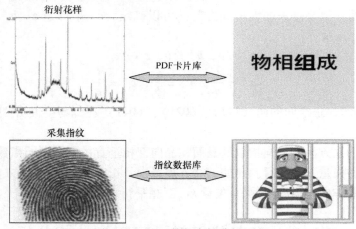

图 3-20　XRD 物相定性分析原理

PDF 卡片是 1938 年由哈那瓦特首先发起的，1942 年美国材料试验协会出版了约 1300 张 PDF 卡片，1969 年成立了粉末衍射标准联合委员会，由它负责编辑和出版粉末衍射卡片。到 1985 年，出版约 46000 张 PDF 卡片，平均每年约 2000 张 PDF 卡片问世，现在 PDF 卡片由粉末衍射标准联合会和国际衍射资料中心联合出版。

图 3-21 是粉末衍射标准联合会出版的 NaCl 粉末的 PDF 卡片。分析 PDF 卡片时，要把握以下关键信息。

（1）d 值序列　它是按衍射位置的先后顺序排列的晶面间距、相对强度及干涉指数。

（2）三强线　3 条最强衍射线对应的面间距。三强线能准确反映物质特征，受试验条件影响较小，因此可以通过比较三强线初步确定试样的物相。

（3）PDF 卡片　还具有物相化学式与英文名称、矿物学名称、试验条件、晶体学数据和物理性质等信息。

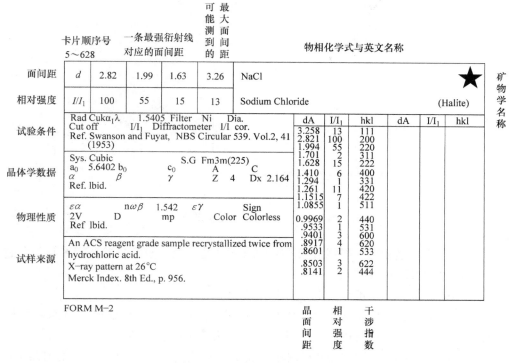

面间距	d	2.82	1.99	1.63	3.26	NaCl					
相对强度	I/I_1	100	55	15	13	Sodium Chloride				(Halite)	
试验条件	Rad Cukα₁λ　1.5405　Filter　Ni　Dia. Cut off　　I/I₁　Diffractometer　I/I cor. Ref. Swanson and Fuyat, NBS Circular 539. Vol.2, 41 (1953)					dA	I/I₁	hkl	dA	I/I₁	hkl
						3.258	13	111			
						2.821	100	200			
						1.994	55	220			
晶体学数据	Sys. Cubic　　　　　　　S.G Fm3m(225) a₀　5.6402 b₀　　　c₀　　　　A　　C α　　β　　　γ　　　　Z　4　Dx 2.164 Ref. lbid.					1.701	2	311			
						1.628	15	222			
						1.410	6	400			
						1.294	1	331			
						1.261	11	420			
物理性质	εα　　　　nωβ　1.542　εγ　　　Sign 2V　　D　　　mp　　Color Colorless Ref lbid.					1.1515	7	422			
						1.0855	1	511			
						0.9969	2	440			
						.9533	1	531			
试样来源	An ACS reagent grade sample recrystallized twice from hydrochloric acid. X–ray pattern at 26℃ Merck Index. 8th Ed., p. 956.					.9401	3	600			
						.8917	4	620			
						.8601	1	533			
						.8503	3	622			
						.8141	2	444			

图 3-21　NaCl 粉末的 PDF 卡片

3. PDF 卡片索引

由 PDF 卡片代替衍射花样，可简化物相分析。但要想快速地从几万张卡片中找到所需的一张，必须建立一套科学、简洁的索引。索引可分为以下两大类。

（1）字母索引　字母索引是按照物质英文名称字母顺序排列的。在每种物质的后面列出其化学式、三强线晶面间距、卡片序号和显微检索序号。若要检索已知物相或可能物相的衍射数据，使用字母索引是最为方便的。

（2）数值索引　数值索引分为哈那瓦特和芬克索引两种，常用哈那瓦特索引。哈那瓦特索引适用于对待测物不了解的情况下查找。该索引中，将 d 值的最强线强度定为 100，依次计算出其他线的相对强度。选取其中八强线作为索引数据，每组数据代表一种物质，给出该物质的分子式及相对应的卡片号。例如：

2.49_7，2.89_x，2.65_9，2.36_7，2.16_6，1.88_6，1.45_6，1.45_6　Sr_2VO_4Br　22-1445
哈那瓦特索引：1-158-E2

卡片中数字表示衍射峰对应的晶面间距，下角标表示强度，x 表示 100，其他下角标表示百分数，例如 7 代表 70%。

4. XRD 物相定性分析的步骤

当已知试样衍射花样时，如图 3-22 中的衍射花样，如何根据衍射花样具体分析试样中含有哪些物相呢？

XRD 物相定性分析的准确性基于准确而完整的衍射数据。为此，在制备试样时，必须使择优取向减至最小，因为择优取向能使衍射线条的相对强度明显地与正常值不同；晶粒要

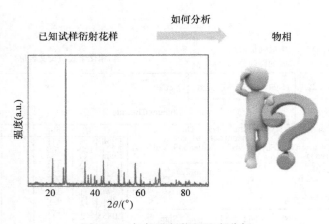

图 3-22　如何进行物相鉴定分析

细小；还要注意相对强度随入射线波长不同而有所变化，这一点在试验所用波长与所查找卡片的波长不同时尤其要加以注意。

单相物质的定性分析一般可分为以下几个步骤。

1）获得衍射花样。衍射花样可以用德拜照相法、衍射仪法等获得，与德拜照相法相比，衍射仪法精度高、灵敏度高，一般使用衍射仪法获得衍射花样。

2）根据衍射花样计算晶面间距和相对强度值。对于物相定性分析，以衍射角 $2\theta < 90°$ 的衍射线为主要分析依据，要求晶面间距有足够的精度，精度为 0.01Å。

3）检索 PDF 卡片对所计算的晶面间距给出适当的误差。误差一般为 ±0.02Å，找出三强线的晶面间距、相对强度值与 PDF 卡片索引中的三强线相吻合的条目，再核对八强线的晶面间距、相对强度值是否与该条吻合。如果吻合，根据索引中卡片的编号提起 PDF 卡片。

4）最后判定。有时经初步检索及核对卡片后不能给出唯一准确的卡片，此时就需要试验者根据实践经验和其他信息判定唯一准确的 PDF 卡片，例如，可根据试样中含有的元素来判定唯一准确的 PDF 卡片。

这些步骤可用于单相物质的定性分析，而多相物质定性分析的原理与单相物质分析的原理相同，但是需要反复尝试，分析过程比较复杂。表 3-2 所列为待测试样的衍射数据，具体可按以下步骤进行分析。

表 3-2　待测试样的衍射数据

$d/\text{Å}$	I/I_1	$d/\text{Å}$	I/I_1	$d/\text{Å}$	I/I_1
3.01	5	1.50	20	1.04	3
2.47	72	1.29	9	0.98	5
2.13	28	1.28	18	0.91	4
2.09	100	1.22	5	0.83	8
1.80	52	1.08	20	0.81	10

1）先假设表中三强线是同一物质，则 $d_1 = 2.09\text{Å}$、$d_2 = 2.47\text{Å}$、$d_3 = 1.80\text{Å}$，估计晶面间距可能的误差范围 d_1 为 2.07~2.11Å、d_2 为 2.45~2.49Å、d_3 为 1.78~1.82Å。

2）利用哈那瓦特索引检索时发现，在满足 d_1 的小组内，多种物质的 d_2 值位于 1.78 ~ 1.82Å 范围内，却没有一种物质的 d_2 值位于 2.45 ~ 2.49Å 内，这说明 2.09Å、1.80Å 两晶面间距属于同一种物质，而 2.47Å 属于另一种物质。

3）重新假设三强线。以晶面间距为 2.09Å 的为最强线，1.80Å 的为次强线进行检索，检索发现，有 5 种物质的 d_3 值为 1.27 ~ 1.29Å，这说明 2.09Å、1.80Å、1.28Å 这 3 条衍射线可能是待测试样中某相的三强线。

4）将这 5 种物质与待测物质进一步对比。发现除 Cu 外，其他 4 种物质都不能完美地吻合。

5）根据索引中的卡片号调出 Cu 的 PDF 卡片（见表3-3）。发现卡片上 Cu 的每个衍射数据都与待测相的一些数据完美地吻合，可确认待测试样中含有 Cu。

表3-3 4 – 836 卡片 Cu 的衍射数据

$d/Å$	I/I_1	$d/Å$	I/I_1
2.088	100	1.0436	5
1.808	46	0.9038	3
1.278	20	0.8293	9
1.0900	17	0.8083	8

6）剔除待测相中 Cu 的衍射线条，将剩余的衍射线条做归一化处理，使最强线的相对强度为 100，见表3-4。再按上述程序进行检索，发现剩余衍射数据与 Cu_2O 的衍射数据相一致，因此，可以分析出试样中含有 Cu 和 Cu_2O 两种相。

表3-4 剩余线条与 Cu_2O 的衍射数据

待测试样中剩余线条			5 – 667 号 Cu_2O 衍射数据	
$d/Å$	I/I_1		$d/Å$	I/I_1
	观测值	归一值		
3.01	5	7	3.020	9
2.47	70	100	2.465	100
2.13	30	40	2.135	37
1.50	20	30	1.510	27
1.29	10	15	1.287	17
1.22	5	7	1.233	4
0.98	5	7	1.0674	2
			0.9795	4
			0.9548	3
			0.8715	3
			0.8216	3

物相定性分析时，需要注意以下事项。

① 晶面间距的 d 值比相对衍射强度的 z 值更重要（见图3-23），即相同物质的试验数据与标准数据两者的相应晶面间距应该很接近，一般要求其误差在 ±1% 以内。而相对衍射强

度允许有较大的出入，其允许误差甚至可达到 50% 以上，例如，其有较强结构的物质。

② 低角度线的数据比高角度线的数据重要（见图 3-24）。对于不同晶体，低角度线（即 d 值大的线）d 值一致的机会很少；但是对于高角度线（即 d 值小的线），不同晶体间相互近似的机会增多。

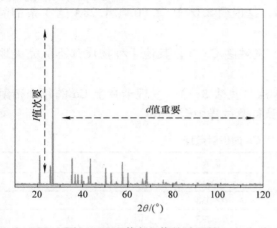

图 3-23 d 值与 I 值的重要性

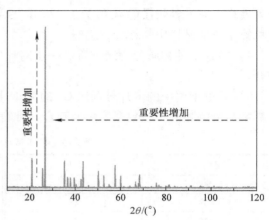

图 3-24 重要性在角度与强度上的变化

③ 强线比弱线重要，特别要重视 d 值大的强线（见图 3-24）。强线出现的情况比较稳定，同时也容易精确测定；而弱线则可能由于强度的减弱有时不能被测出。

从理论上讲，只要 PDF 卡片足够全，任何未知物质都可以进行标定，但实际会出现很多困难，主要表现在以下 3 个方面。

1）卡片的误差。粉末衍射卡片的数据来源不一，而且不是所有的资料都经过核对，因此存在不少错误。美国标准局（NBS）用衍射仪对卡片陆续进行校正，发行了更正的新卡片。所以，不同编码的同一物质卡片应以发行较晚的大编码卡片为准。

2）试样衍射花样的误差。当试样存在择优取向时，会使一些反射面的衍射线特别强或特别弱。衍射强度发生较大的改变会给物相分析带来较大的困难。

3）多相物质中各相衍射线条的叠加，给分析工作带来很大的困扰。此时，必须将重叠线条的衍射强度至少分成两部分进行分析。

5. XRD 物相定性分析软件的介绍

采用人工检索进行物相定性分析时，工作量是非常大的，可把 PDF 卡片做成数据库，然后导入计算机进行检索，以提高检索效率。

XRD 物相定性分析软件有很多种，如 Jade、HighScore 等，常用的物相定性分析软件有以下几种。

（1）PCPDFWIN 软件　PCPDFWIN 软件是最原始的软件。由 ICDD（国际衍射数据中心）开发，基于 Windows 系统的 PDF 卡片查询软件，使用 2003 年及以前的 PDF2 数据库。它是在衍射图谱标定以后按照 d 值检索。一般有限定元素、三强线、结合法等方法。且检索效率比较低。

（2）Search Match 软件　Search Match 可实现和原始试验数据的直接对接，可自动或手动标定衍射峰的位置。如图 3-25 所示，Search Match 软件不但有放大、十字定位线、坐标指示按钮、网格线条等使用方便的小工具，还有自动检索功能，通过各种限定缩小检索范围，可方便、快速地检索出样品的物相。Search Match 检索效率较高，而且它还有自动生成试验报告的功能。

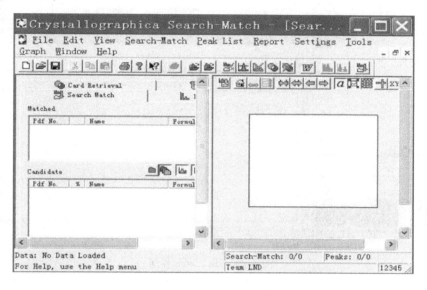

图 3-25　Search Match 界面

（3）HighScore 软件　HighScore 是荷兰公司推出的一款专门用于 XRD 物相分析的软件，是目前主流物相检索类软件之一，它在以峰位、峰强比为主要检索依据的基础上，增加了对峰形的考查，以提高物相定性分析的准确性。HighScore 具备 Search Match 中所有的功能，而且比 Search Match 更实用，例如，可调用更多的数据格式可对衍射图进行平滑操作等。

（4）Jade 软件　Jade 是一款常用的 XRD 物相分析软件。与 HighScore 相比，Jade 可对衍射峰进行指标化、计算晶格参数、计算衍射峰面积等。

下面以 HighScore 为例，介绍如何使用分析软件对样品进行物相定性分析。

1）安装 Highscore 软件，安装时 PDF 卡片应储存在英文路径下，导入 PDF 卡片大约需要 30min。

2）安装好后，双击 HighScore 的图标，进入 HighScore 界面，利用 HighScore 软件进行 XRD 物相定性分析。

18. HighScore 软件安装

3）把 X 射线衍射花样数据导入 HighScore 软件中。具体步骤为：单击 "File" → "Open" 菜单命令，找到 X 射线衍射花样数据，双击后就可把 X 射线衍射花样数据导入软件中，结果如图 3-26 所示。

4）若不清楚试样的元素组成，可进行快速检索。单击左下角的 "IdeAll" 按钮，在检索数据列表中会出现与待测试样相匹配的物相，根据实践经验和其他信息找出与待测试样晶面间距和强度吻合的物相。快速检索对物相鉴定有时是比较困难的，若已知试样的元素组成，可采用限定元素法进行检索分析。

19. XRD 物相定性分析

图 3-26　HighScore 界面

二、XRD 物相定量分析

1. X 射线衍射强度

在物相定性和定量分析时，主要应把握两类信息：第一类是衍射方向，即 θ 角，它在 λ 一定的情况下取决于晶面间距，反映了晶胞的大小及形状；第二类是衍射强度，它反映了原子的种类和数目，物相分析所需的许多信息都必须从 X 射线衍射强度中获得。

X 射线衍射强度是指单位时间内通过与衍射方向相垂直的单位面积上的 X 射线光量子数目。强度一般分为 3 种，即绝对强度、积分强度和相对强度。

1）绝对强度是指衍射峰的实际强度，它的测量既困难又无实际意义。

2）积分强度是指某一反射面的 X 射线的总量，它与晶体中原子的种类及其排列、反射面等有关。

3）相对强度是指同一衍射图中各衍射线强度的相对比值。

对于物相定量分析，积分强度是非常重要的。积分强度可表示为

$$I = I_0 \frac{\lambda^3}{32\pi R}\left(\frac{e^2}{mc^2}\right)^2 \frac{V}{V_C^2}F_{hkl}^2\varphi(\theta)\mathrm{e}^{-2M}P_{hkl}A(\theta) \tag{3-9}$$

式中　I_0——入射 X 射线束的强度；

λ——入射 X 射线的波长；

R——由试样到照相底片上的衍射环间的距离；

e, m——电子的电荷与质量；

c——光速；

V——试样被入射 X 射线所照射的体积；

V_C——单位晶胞的体积；

F_{hkl}^2——结构（振幅）因子；

P_{hkl}——多重性因子；

$\varphi(\theta)$——角因子；

e^{-2M}——温度因子；

$A(\theta)$——吸收因子。

由式（3-9）可知，积分强度与很多参数有关，如入射 X 射线的强度、入射 X 射线的波长、由试样到照相底片上的衍射环间的距离等。若试验条件一定，I_0、λ、R、V、V_C 对各衍射线均相等。此时衍射线的积分强度与 5 个因子相关，即结构因子、多重性因子、角因子、温度因子和吸收因子。在这 5 个因子中，衍射线积分强度主要决定于结构因子，即晶体结构对衍射的影响因子。

当复杂点阵衍射 X 射线时，通常会削弱某些方向的衍射强度，也会使某些方向上的衍射消失。对衍射强度做出系统而全面的研究，就要依靠结构因子。当 X 射线照射到晶体中某个晶胞时，该晶胞中各原子的散射波具有不同的位相和振幅，其合成波的强度为

$$F_{hkl}^2 = \left\{ \sum_{k=1}^{n} f_k \cos 2\pi(m_k H + p_k K + q_k L) \right\}^2 + \left\{ \sum_{k=1}^{n} f_k \sin 2\pi(m_k H + p_k K + q_k L) \right\}^2 \quad (3\text{-}10)$$

式中　F_{hkl}^2——晶胞的散射能力，即结构因子；

$\qquad f_k$——原子散射振幅，即原子散射因子；

$\qquad k$——单胞中的原子个数；

m_k，p_k，q_k——原子在晶胞中的坐标。

由式（3-10）可知，结构因子与原子散射因子、单胞中的原子个数以及原子在晶胞中的坐标有关。而这些相关因素与点阵结构有很大的关系。不同的点阵结构，其原子个数以及原子在晶胞中的坐标是不一样的。

下面讨论不同点阵结构的结构因子的计算。

（1）简单点阵　它是指单胞中只有一个原子，基坐标为（0，0，0）。根据这些参数，可以简化结构因子计算公式，即

$$F = f e^{2\pi i(0)} \quad (3\text{-}11)$$

由式（3-11）可得，简单点阵结构因子与晶面指数 hkl 无关，即 hkl 为任意整数时都能产生衍射，如（100）晶面、（110）晶面、（111）晶面等都可以产生衍射。

（2）体心点阵　它是指单胞中有两种位置的原子，即顶角原子和体心原子。根据这两种原子的坐标，可以简化结构因子计算公式，即

$$F = f e^{2\pi i(0)} + f e^{2\pi i\left(\frac{h}{2}+\frac{k}{2}+\frac{l}{2}\right)} = f\left[1 + e^{\pi i(h+k+l)}\right] \quad (3\text{-}12)$$

1）当晶面指数 hkl 之和为奇数时，结构因子为 0，即该晶面的衍射强度为零，这些晶面的衍射线不可能出现，如（100）晶面、（111）晶面、（210）晶面等都不可能出现衍射线。

2）当晶面指数 hkl 之和为偶数时，结构因子不为 0，即体心点阵只有晶面指数之和为偶数的晶面可产生衍射，如（110）晶面、（200）晶面、（211）晶面等。

（3）面心点阵　它是指单胞中有 4 种位置的原子，它们的坐标分别是（000）、（0，1/2，1/2）、（1/2，0，1/2）、（1/2，1/2，0）。根据这些坐标信息，可以简化结构因子计算公式，即

$$F = f\left[1 + e^{\pi i(h+k)} + e^{\pi i(k+l)} + e^{\pi i(l+h)}\right] \quad (3\text{-}13)$$

1）当晶面指数 hkl 为奇偶混杂时（即晶面指数为两个奇数一个偶数或两个偶数一个奇

数），结构因子为0，即该晶面的衍射强度为零，这些晶面的衍射线不可能出现。

2）当晶面指数全为奇数或全为偶数时，结构因子不为0，即面心点阵只有晶面指数全为奇数或全为偶数时才可产生衍射，如（111）晶面、（200）晶面、（311）晶面等。

以上都是晶胞中只含有同种元素结构因子的计算，对于晶胞中含有两种及以上原子的物质，其结构因子的计算与上述基本相同，但由于组成化合物的元素有别，衍射线条分布会有较大的差异。

2. XRD 物相定量分析原理

在前面举了一个例子，将纯铝溶液和钛粉反应生成高温、高强度的耐热材料，经 XRD 物相定性分析，发现耐热材料里面含有 TiAl、Ti_3Al、$TiAl_3$ 等物相。那么产物中各个物相的含量是多少呢？

XRD 物相定量分析是在定性分析的基础上，测定混合物中各相的含量。

由衍射强度理论可知，物相的衍射强度随着该物相在混合物相中含量的增加而增强，但是不能直接测量衍射峰的面积来求物相的浓度。这是因为测得的衍射强度是经过试样吸收之后表现出来的，即衍射强度还强烈地依赖于吸收系数，而吸收系数也依赖于物相浓度。因此，在进行 XRD 物相定量分析时，首先要明确衍射强度、吸收系数及物相浓度之间的关系。

用衍射仪进行测定时，单相物质的衍射强度可用式（3-14）表示。衍射强度与很多因子有关，其中吸收因子与物相的浓度有关，其他因子与物相的浓度无关，因此可以把衍射强度公式简化为

$$I = K \frac{V}{\mu_1} \qquad (3\text{-}14)$$

式中　I——单相物质的衍射强度；

　　　K——与物相含量无关的因子；

　　　μ_1——与物相含量相关的因子。

对于由 n 相组成的多相混合物，设第 j 相为待测相，假定该相参与衍射的体积为 C_j。混合物的混合吸收系数为 μ，则由该相产生的衍射线强度为

$$I_j = K_j \frac{C_j}{\mu} \qquad (3\text{-}15)$$

式中　K_j——未知常数；

　　　μ——混合吸收系数。

混合吸收系数可用各组成的线性吸收系数表示，因此待测相的衍射强度与含量关系的普适公式为

$$I_j = K_j \frac{V_j}{\rho \sum_{j=1}^{n} W_j (\mu_m)_j} \qquad (3\text{-}16)$$

由式（3-16）可知，待测相的衍射线强度与其含量（V_j 或 W_j）之间没有简单的线性关系。用这个公式来分析某相的含量是比较困难的，因此出现了多种物相定量分析方法。传统的物相定量分析方法主要有单线条法、外标法和内标法等。

（1）单线条法　单线条法的基本原理是通过测定样品中 j 相某条衍射线强度，将其与纯 j 相同一衍射线强度对比，即可分析出 j 相在样品中的相对含量（质量分数）。它的适用条件

是样品中所含 n 相的线吸收系数及密度均相等。

采用单线条法进行定量分析时需要注意以下几点：

1）纯样品和被测样品要在相同的试验条件下进行测定。

2）一般选用最强衍射线。

3）用步进扫描法得到整个衍射峰，扣除背底后测量积分强度。

（2）外标法　外标法的基本原理是先单独标定混合物中的纯物质，然后与多相混合物中待测相的衍射强度对比，即可分析得到相的含量。

假设被测试样由 A 相和 B 相两相组成，待测相 A 的衍射强度 I_A 与其质量分数 W_A 之间的关系可以用衍射强度普适公式表示。纯 A 相样品的强度 $(I_A)_0$ 为

$$(I_A)_0 = \frac{K_A}{\mu_A} \tag{3-17}$$

把 I_A 与 $(I_A)_0$ 相除，可得强度比 $I_A/(I_A)_0$，其与质量分数、A 相和 B 相的线性吸收系数有关。而 I_A、$(I_A)_0$、A 相和 B 相的线性吸收系数可根据试验测得，因此，根据强度比 $I_A/(I_A)_0$ 可求出 A 相的质量分数。

采用外标法进行物相定量分析的一般步骤如下：

1）配制一组标准样品，其中包含已知含量为 X_j 的待测物相 j（如钙矾石）。

2）在固定的试验条件下，测出标准样品中 j 相的某根衍射线的强度 I_j，并绘出 I_j 与 X_j 的关系曲线（定标曲线）。

3）在同样的试验条件下，测出待测样品中 j 相的同一根衍射线的强度 I_j，根据定标曲线确定待测样品中 j 相的含量。

采用外标法进行物相定量分析的优点是不必在试样中加入无关的相，可以定量计算混合物中单个相的含量。该法已成功用于矿石、黏土、炉渣的定量分析。

（3）内标法　内标法的基本原理是在被测的粉末试样中加入一种含量恒定的标准物质，混合均匀后制成复合试样，测量复合试样中待测相的某一衍射峰强度与内标物质某一衍射峰强度，根据两个强度之比来计算待测相的含量。

假设被测试样由 n 个相组成，待测相为 A，在试样中掺入内标物质 S，混合均匀后制成复合试样。A 在被测试样中的质量分数为 W_A，A 在复合试样中的质量分数为 W'_A，S 在复合试样中的质量分数为 W_S，这 3 个质量分数之间的关系为 $W_A = W'_A/(1 - W_S)$。

根据 X 射线定量分析的普适公式，复合试样中 A 与 S 的衍射强度分别为 I_A、I_S，把 I_A 除以 I_S 后可以得到：

$$\frac{I_A}{I_S} = \frac{K_A}{\rho_A} \cdot \frac{\rho_S}{K_S} \cdot \frac{W'_A}{W_S} = \frac{K_A}{K_S} \cdot \frac{\rho_S}{\rho_A} \cdot \frac{(1 - W_S)}{W_S} \cdot W_A \tag{3-18}$$

令：$\dfrac{K_A}{K_S} \cdot \dfrac{\rho_S}{\rho_A} \cdot \dfrac{(1 - W_S)}{W_S} = K$，它是一个与 W_A 无关的常数。

由式（3-18）可知，公式可以分为两部分，第一部分是与质量分数无关的常数，把这一部分定义为 K，第二部分就是质量分数 W_A，这样可得到内标法的基本方程，即

$$\frac{I_A}{I_S} = KW_A \tag{3-19}$$

由式（4-19）可知，复合试样中 A 与 S 相的强度比与待测试样中 A 相的质量分数 W_A 成

线性关系，K 为其斜率。若 K 已知，只需测量复合试样中的 I_A 与 I_S，即可计算出待测试样中 A 的含量。

采用内标法进行物相定量分析的一般步骤如下：

1）测绘定标曲线。配制一系列（3 个以上）待测相 A 含量已知但数值各不相同的样品，向每个试样中掺入含量恒定的内标物 S，混合均匀制成复合试样。在 A 相及 S 相的衍射谱中分别选择某一衍射峰为选测峰，测量各复合试样中的衍射强度 I_A 与 I_S，绘制 I_A/I_S—W_A 曲线，即为待测相的定标曲线。

2）制备复合试样。在待测样品中掺入与定标曲线中比例相同的内标物 S 制备成复合试样。

3）测试复合试样。在与绘制定标曲线相同的试验条件下，测量复合试样中 A 相与 S 相的选测峰强度 I_A 与 I_S。

4）计算含量。已知待测复合试样的 I_A/I_S，在事先绘制的待测相定标曲线上查出待测相 A 的含量。

采用内标法进行物相定量分析时需注意以下事项：

1）在配制标准样品和待测样品时，标准物质的质量分数 X_s 应保持恒定。

2）测量强度所选用的衍射线应该是衍射角相近、衍射强度也比较接近，并且不受其他衍射线干扰的衍射线。

3）内标物质必须化学性质稳定，不氧化、不吸水、不受研磨影响；衍射线数目适中、分布均匀。

3. XRD 物相定量分析方法——全谱拟合法

传统 XRD 物相定量分析假设被测物相中晶粒尺寸非常细小，各相混合均匀，无择优取向，这与实际情况存在一定的偏差。为了减小偏差，在选择标准物质时要尽量选择等轴状的结晶物质；制备标样和试样时，要减少择优取向。传统 XRD 物相定量分析有一个共同的问题，就是标准样品的寻找，很难找到与待测相的原子位置、微观结构、择优取向等完全相同的标准试样，这会给物相定量分析造成一定的误差。因此，标准试样是提高 X 射线分析准确性的关键。

以晶体结构模型为基础，利用晶体结构参数和峰形函数计算衍射谱，将此计算谱与实测谱进行比较，根据其差别修改初次选定的结构模型和峰形参数，在此新模型和参数的基础上再计算理论谱，反复迭代，以使计算谱和实测谱的差值达到最小，这种逐渐趋近的过程就称为拟合，由于拟合对象是整个衍射谱的线形，故称为全谱拟合，如图 3-27 所示。

全谱拟合法与传统物相定量分析法相比，其最大的优点是从实测的 X 射线衍射谱中寻找标准样品。根据实测 X 射线衍射谱，对不完全符合实际情况的初始结构进行修正，修正后的结构作为标样使用，从而获得准确的物相定量分析结果。

与 XRD 物相定性分析一样，有很多软件可用来进行 XRD 物相定量分析。下面以 HighScore 软件为例，介绍如何使用软件进行 XRD 物相定量分析。

1）根据 XRD 物相定性分析结果，用 Findit 软件找出各个物相的晶体结构文件，并将其以 CIF 的格式导出。

2）打开 HighScore 软件，把 XRD 衍射数据导入 HighScore 软件中。导入数据之后，再把各物相晶体结构文件逐步导入 HighScore 软件中。

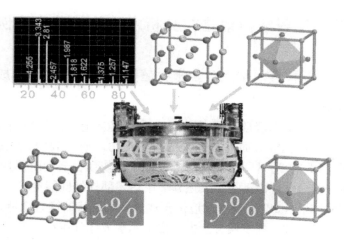

图 3-27 全谱拟合过程

3）单击图 3-28 所示按钮，先进行初步自动拟合，得到各物相质量分数。

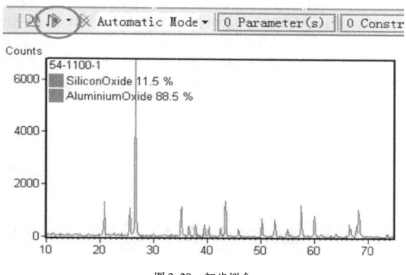

图 3-28 初步拟合

4）把自动检索换成半定量检索模型。在半定量检索模型中，通过调整比例因子 S、峰宽参数（u，v，w）等，对初始结构逐步进行修正，从而获得物相定量分析结果。若拟合前后，拟合指标 R 值变大，则此次拟合不合理，需要调整其他参数重新拟合；若拟合前后，拟合指标 R 值变小，则此次拟合合理。按照此依据逐步拟合，直到拟合指标 R 值不变化（R 值一般小于10%），此时各物相质量分数是准确的。

20. 谱线的拟合

工程材料表证技术

第六节　X射线衍射物相分析术的物相鉴定案例解析

案例一　一种镁－稀土合金板材超塑性变形后的相组成变化

1. 材料应用背景

金属板料成形是制造薄壁轻质产品的加工方法。镁合金结构材料由于具有较高的比强度，在交通运输工具轻量化等方面具有很大的应用潜力。研究表明，在镁中添加钆（Gd）以及其他稀土元素（RE），通过固溶强化与析出强化可使镁合金的耐热性能（200~300℃）显著提高。这种良好的力学性能满足了上述领域耐热零部件的性能要求。

近年来，超塑性成形（SPF）技术已应用于成形复杂形状的镁合金零件，其力学性能及可靠性明显优于一般铸造件。稀土镁合金中的稀土元素大部分存在于第二相中，稀土对超塑性的影响是双方面的，分布于晶界的第二相具有稳定细晶组织的作用，对超塑性变形有利；同时，稀土第二相也阻碍了超塑性变形时晶界的滑动，对进一步的超塑性变形不利。

2. 材料样品的制备与测试仪器型号

试验合金为 Mg－9.0Gd－4.0Y－0.4Zr 合金（质量分数，%）。合金铸锭经520℃/8h均匀化处理后，平均晶粒尺寸为200μm。在350℃的温度下轧制成板材，每道次的下压量小于10%，道次间的退火工艺为500℃/15min；从初始厚度4mm的铸锭轧至1.3mm的板材；轧辊以汽油喷灯加热。高温拉伸试样直接从轧制板材上以电火花线切割切取，标距长10mm、跨度3.5mm，拉伸方向平行于轧向。未经拉伸变形及拉伸变形后的试样如图3-29所示。

a) 拉伸变形后　　　　　　　　　　　　　　　　　　　b) 未经拉伸变形

图 3-29　未经拉伸变形以及拉伸变形后的试样

3. 测试仪器型号与测试使用的具体参数

测试仪器型号为 D/Max2500 型 X 射线衍射仪。测试条件为：Cu－Kα 辐射，40kV，40mA，$\Omega = 0.5°$，扫描步长为0.1°，每步停留时间为1s。

4. 测试结果与分析

图3-30所示的XRD扫描结果显示，拉伸后的谱线中 Mg_5（Gd，Y）相的小峰（标记为"●"）数量明显增加，可知析出了大量的 Mg_5（Gd，Y）相，这与 SEM 分析结果一致。

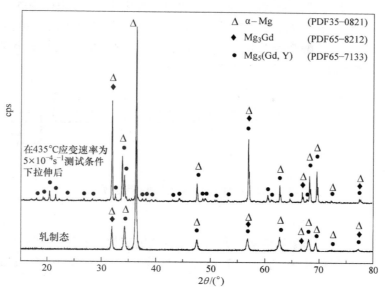

图 3-30　XRD 扫描图谱

案例二　一种微波介电薄膜的 XRD 图谱

1. 材料应用背景

钽镁酸钡 $[Ba(Mg_{1/3}Ta_{2/3})O_3$，BMT] 陶瓷是一种性能优异的微波介电材料，由于具有较高的品质因数（陶瓷 $Q \cdot f = 36000GHz$）和近零的频率温度稳定系数（$\tau_f = 4.4 \times 10^{-6}/℃$）等优异性能，被广泛应用于移动通信、卫星通信等领域。随着无线通信技术的迅速发展，块状微波介电陶瓷已经不能满足元器件小型化、集成化等需要，而微波介电薄膜易于集成且同样具有优异的微波介电性能，因此，微波介电薄膜的制备及微波性能的研究成为人们研究的热点。

2. 材料样品的制备

以 Ta_2O_5 为原材料，引入柠檬酸和 H_2O_2 制备过氧化柠檬酸钽（P – Ta – CA）溶液，根据化学计量比加入碳酸钡和碱式碳酸镁，可获得长期稳定澄清的 BMT 前驱体溶液（可稳定保存数月）。过氧化柠檬酸钽溶液制备工艺流程如图 3-31 所示。

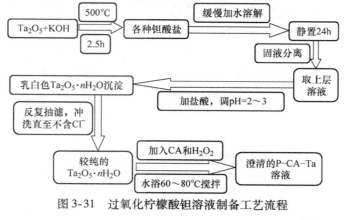

图 3-31　过氧化柠檬酸钽溶液制备工艺流程

按化学式计量比称取碳酸钡和碱式碳酸镁加到过氧化柠檬酸钽中，40℃加热搅拌，碳酸盐与柠檬酸反应分解，溶液变澄清，然后用 $NH_3 \cdot H_2O$ 调节溶液的 pH 值至 7~8，继续在 40℃加热搅拌 1h，加入乙醇胺作为稳定剂，最后定容，获得澄清透明的 BMT 前驱体溶液。具体的 BMT 前驱体溶液制备工艺流程如图 3-32 所示。

图 3-32   BMT 前驱体溶液制备工艺流程

BMT 薄膜的制备工艺如下。

1）将过滤好的 BMT 前驱体溶液滴到基片上直至铺满整个基片。

2）匀胶，将前驱体溶液均匀分散至整个基片。匀胶速度为 4500r/min，匀胶时间为 30s。

3）将基片放置在加热板上，在 180℃下加热 2min，使水分挥发。

4）将基片放置在加热板上，在 380℃下加热 2min，去除有机物。

5）将基片放置在 600℃的马弗炉中预退火 10min，使薄膜进行预结晶。

6）重复上述工艺，直至获得所需 BMT 薄膜的厚度。

7）将基片放置在 600~800℃的马弗炉中退火 1h，使薄膜结晶。

3. 测试仪器型号与测试使用的具体参数

采用荷兰 PANalytical X'Pert PRO X 衍射仪对样品物相进行结构分析。薄膜样品采用平行光路掠入射 X 射线衍射分析（G-XRD）法，测试条件为：$Cu-K\alpha$ 辐射，40kV，40mA，$\Omega = 0.5°$，扫描步长为 0.1°，每步停留时间为 1s，测角精度为 $\Delta 2\theta \leqslant \pm 0.02°$。

4. 测试结果与分析

通过 HighScore 软件检索发现，$2\theta = 30.92°$、44.49°、55.23°、64.32°附近的衍射峰与 BMT 的标准卡 ICDD# 01-087-1733 是一致的，为立方钙钛矿结构，分别对应 BMT 薄膜（110）、（200）、（211）、（220）晶面；除基底衍射峰外，其他衍射峰属于第二相 $BaTa_2O_6$ 的衍射峰。

如图 3-33 所示，600℃退火的薄膜衍射峰很弱，但是在 25°~30°时存在一个峰包，说明薄膜结晶不完全。随退火温度升高到 650℃，可得到立方钙钛矿结构 BMT 薄膜，700℃和 750℃得到的 BMT 薄膜衍射峰更尖锐，半高宽更窄，说明薄膜结晶性更好，晶粒生长更完全。温度继续升高到 800℃，会出现第二相 $BaTa_2O_6$。$BaTa_2O_6$ 的存在会恶化薄膜的介电性能。

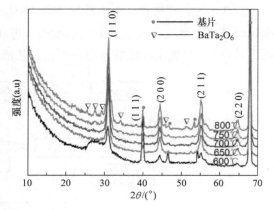

图 3-33   不同退火温度 BMT 的 XRD 图谱

通过XRD衍射分析可获得BMT薄膜最佳退火温度，有利于指导薄膜的制备及生产。

案例三　纯铁定向凝固棒材与纯铁粉的XRD图谱对比

1. 材料应用背景

定向凝固是指在凝固过程中采用强制手段，在凝固金属和未凝固金属熔体中建立起特定方向的温度梯度，从而使熔体沿着与热流相反的方向凝固，最终得到具有特定取向柱状晶的技术。定向凝固在被广泛运用于航空发动机叶片制备的同时，也更是广大材料研究者研究凝固理论和金属凝固规律的重要手段。

定向凝固的液态金属冷却法是在1974年出现的，其工艺过程是，当合金浇入型壳后，按选择的速度将型壳拉出炉体，浸入金属浴，金属浴的水平面保持在凝固的固—液界面近处，并使其保持在一定的温度范围内。

2. 待测材料样品的制备

这里选择纯铁牌号为DT4电工纯铁，含铁量在99%以上。以亚微米级高纯羰基铁粉作为标样（无结构），在相同测试条件下，测试标样铁粉和定向凝固纯铁试样的纵向剖面（平行于凝固方向），对比标样和试样的X射线衍射谱，可以验证定向凝固纯铁定向效果。采用的区域熔化液态金属冷却法装置如图3-34所示。图中，高频感应圈和液态金属冷却液的相对距离可以调节，感应加热的功率可以用来控制试样液—固界面的温度梯度；通过集中对凝固界面前沿液相加热，将固—液界面位置下压，同时使液相中最高温度区尽量靠近固—液界面，充分发挥过热度对温度梯度的贡献。

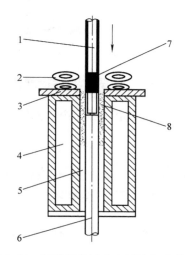

图3-34　区域熔化液态金属冷却法装置
1—纯铁试样　2—高频感应圈　3—隔热板
4—冷却水　5—液态金属　6—拉锭
7—熔区　8—模壳

3. 测试仪器型号与测试使用的具体参数

测试仪器型号为Bruker AXS公司生产的D8 GADDS型XRD衍射仪。测试条件为：射线为Mo－Ka，$\lambda = 0.7093\text{Å}$，30mA，45kV，$\Omega = 0.5°$，扫描速度为1°/min，步宽为0.01°。

4. 测试结果与分析

从图3-35中可看到，无择优生长的标样铁粉，较强的衍射峰有 {110} 峰、{200} 峰、{211} 峰、{220} 峰和 {310} 峰，这些峰的位置（2θ）和峰值是由粉末衍射规律决定的，并非择优生长产生的。

通过两种X射线衍射谱的对比，可以发现定向凝固试样衍射谱没有出现 {200} 峰和 {310} 峰；同时，已出现的 {110} 峰、{211} 峰和 {220} 峰的位置（2θ）与标样衍射峰的位置吻合，衍射峰值都显著高于标样的峰值。这说明试样中存在较强的取向性，{110} 峰及其二级衍射 {220} 峰强度显著加强，说明与其他晶面相比，（110）晶面发育更好，抑制了其他晶面的生长，如（200）面和（310）面，可以认为定向凝固试样的制备是成功的。但是，由于这种择优取向是在室温下测定的，定向凝固形成的织构历经了改变取向的同素异

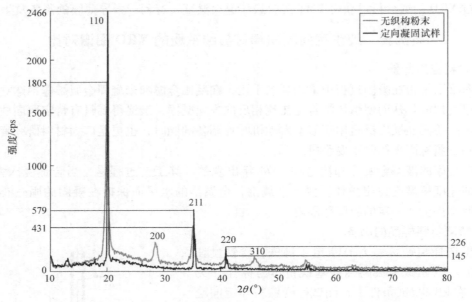

图 3-35　高纯羰基铁粉标样与定向凝固试样 X 射线衍射结果的对比

构转变，因此定向凝固织构的织构轴（生长方向）无法确定。

复习思考题

1. 布拉格方程能适用于电子衍射分析或中子衍射分析吗？请说明原因。

2. 在分析金属材料塑性变形后的 X 射线衍射图谱时，通常影响衍射峰的峰位、峰高及峰形的因素有哪些？

3. 在倒易空间中分析衍射结果的优势是什么？

第四章　扫描电子显微术

泰坦尼克号曾是当时世界上最豪华的一艘巨型游轮，但在它的首次航行中，由于撞到冰山，最后船沉没了，酿成了航海史上最惨痛的悲剧。如果从材料科学的角度分析沉船事故的原因，主要有三点，即船体材质差、低温环境和冲击载荷。图 4-1 和图 4-2 是打捞上来的泰坦尼克号的钢材的断口检测试样，采用扫描电子显微镜观察，发现断口是明显的脆性断裂，钢板中 S 的含量偏高，这种钢的韧性很差，特别是具有低温脆性。可见，扫描电子显微术是

图 4-1　泰坦尼克号的船体用钢

工程材料表面形貌和成分分析的一种重要表征方法，扫描电镜可以作为失效诊断的工具。

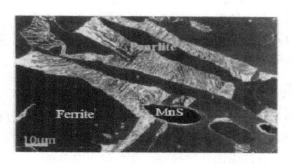

图 4-2　泰坦尼克号船体用钢的扫描电子显微镜照片

由于扫描电子显微镜的景深远比光学显微镜大，可以用它直接进行显微断口分析，这给分析带来极大方便。光学金相显微镜的光源是可见光，X 射线衍射仪的光源是 X 射线，而扫描电镜的光源是电子束。扫描电镜是通过收集电子束与样品相互作用产生的各种特征信号来判断样品表面形貌和化学成分的。因此，首先来看看样品与电子束相互作用会出现哪些特征信号？

第一节　电子束与样品相互作用产生的信号

电子束与样品相互作用产生的信号比较丰富，主要包括二次电子、背散射电子、特征 X 射线、吸收电子、透射电子和俄歇电子，如图 4-3 所示。这些信号被相应的探测器收集，经过信号处理系统的处理后，就可以呈现出样品表面形貌和成分信息。下面介绍常用的 3 种信号及其特点以及所反映的样品性质和用途。

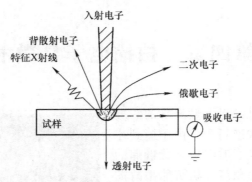

图 4-3　电子束与固体样品作用产生的信号

一、二次电子

二次电子的产生：在入射电子作用下，样品原子的外层价电子或自由电子被击出样品表面，称之为"二次电子"。

它产生的深度范围是样品表层 5 ~ 10nm。二次电子的能量较低，一般不超过 50eV，大多数小于 10eV。二次电子信号特征是：它的产额对样品表面形貌非常敏感。对于二次电子像，衬度较高的地方对应于凸起。所以，它主要用于断口表面形貌分析、显微组织形貌分析和原始表面形貌观察。

21. 二次电子的产生过程

二、背散射电子

入射电子被样品原子散射，散射角大于 90° 且逃逸出样品表面以外的一部分入射电子称为背散射电子。

它产生的深度范围是样品表层几百纳米；背散射电子的能量离散度大，从几十到几万电子伏特。背散射电子的信号特征是：它的产额与样品的平均原子序数成正比。因此，衬度高的微区对应于原子序数高的物质，可以用于定性分析材料的成分分布和鉴定相的形状和分布。

22. 背散射电子产生过程

三、特征 X 射线

特征 X 射线的产生过程如图 4-4 所示。当样品原子被高能入射电子轰击后，原子就会处于能量较高的激发状态或电离状态，以至于内层电子逃逸，此时外层电子向内层跃迁填补内层空位，从而发射具有特征能量（一定波长）的 X 射线，称之为特征 X 射线。根据莫塞莱定律，特征 X 射线的波长与靶材原子序数存在着对应关系，换言之，若用 X 射线探测器收集了样品微区中存在一定波长的 X 射线，则可以判定微区存在着对应的元素。

特征 X 射线产生的深度范围是样品表层约 1μm。特征 X 射线的信号特征是能量或波长与样品中元素的原子序数有对应关系，而且强度随着对应元素含量的增大而增大。因此，它可以用于材料微区成分定性和半定量分析。

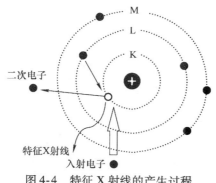

图 4-4 特征 X 射线的产生过程

23. 特征 X 射线产生过程

第二节 扫描电子显微镜的构造及表征参量

本节将介绍扫描电子显微镜的构造、表征参量及其主要型号。

首先，简单描述一下扫描电子显微镜的成像原理，让大家对扫描电子显微镜的工作过程有一定的了解。

24. SEM 的核心部分——镜筒

电子枪产生的电子束，通过聚光镜聚焦变成直径很小的电子束，通过扫描线圈偏转，入射到样品表面。电子束与样品的相互作用，会产生很多信号，通过收集不同信号的特征和强度，由信号放大器处理与输出，最终显示在扫描电子显微镜的荧光屏上，获得扫描电子显微镜所给出的图像。

一、扫描电子显微镜的工作原理

扫描电子显微镜看到的是黑灰白图像，就像黑白电视机，通过衬度对比凸显出样品的结构。所谓彩色都是软件加上去的伪彩色，这是由扫描电子显微镜的工作原理决定的。图 4-5 所示为扫描电子显微镜的构造示意图，它主要由 3 个部分构成，即电子光学系统、信号收集和图像显示记录系统及真空系统。

25. SEM 全景

1. 电子光学系统

电子光学系统的主要部分是电子枪，也就是产生电子束的部分；产生的电子束直径通常不能满足分析的要求，需要采用聚光镜对电子束进行聚焦，变成一束直径很小、亮度高的电子束；被聚焦的电子束，通过扫描线圈的偏转，最终照射到样品表面上；样品放在样品室里。此样品室是一个复杂而精密的组件，通常要求它能够实现平移、旋转和倾斜等操作，主要目的是分析不同位置和不同方位的成分或结构。随着检测手段和技术的不断进步，现在对样品室有很高的要求，除上述基本操作外，还可在样品室内进行简单的试验，如加热、冷却、拉伸和弯曲等。

2. 信号收集和图像显示记录系统

对于扫描电镜来说，信号收集系统主要探测 3 种信号，即二次电子、背散射电子及特征 X 射线。图像显示和记录系统将探测信号的强度放大转化为电压输出，显示在荧光屏上，对

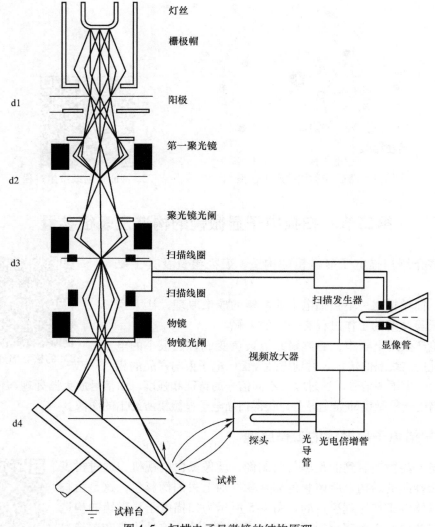

图 4-5 扫描电子显微镜的结构原理

应的是样品的表面形貌和微区成分等。

3. 真空系统

真空系统是为了保证扫描电子显微镜处于正常的工作状态。扫描电子显微镜对真空度的要求一般在 $10^{-2} \sim 10^{-3}$Pa 范围内。真空度有三方面的作用：一是可以防止电子枪的极间放电，延长电子枪的使用寿命；二是可以防止样品污染；三是气体分子在高能信号的作用下受激辐射，产生干扰信号。

26. SEM 收集信号后放大

27. 气体分子受激辐射产生干扰信号

二、扫描电子显微镜的表征参数

扫描电子显微镜的表征参数为分辨率、放大倍数及景深。扫描电子显微镜分辨率的高低和检测信号的种类有关，不同信号产生于样品的深度范围不同。表4-1列出了各种信号来自样品表面的深度范围。

表4-1 各种信号来自样品表面的深度范围 （单位：nm）

信号	二次电子	背散射电子	吸收电子	特征X射线	俄歇电子
深度范围	5~10	50~200	100~1000	100~1000	0.5~2

1. 分辨率

二次电子能量较低，产生的深度也比较浅；特征X射线产生的深度范围是最大的。电子束在样品中一般扩散成水滴状的区域，其扩展区域的深度和形状受加速电压和样品原子序数的影响。如图4-6所示，各种信号成分的分辨率随着信号产生深度范围的增大而下降，因为随着深度距离的增大，电子束的横向扩展范围也增大。各种信号产生的范围与信号的能量大小有关。例如，二次电子的能量较小，即使在较深的范围内产生二次电子，最后也无法扩散出样品表面被信号探测器收集。二次电子产生的深度浅，横向扩散区域小，所以二次电子的图像分辨率最高；而背散射电子产生的深度范围比二次电子大，所以，背散射电子像的分辨率要低于二次电子像。习惯上将二次电子像的分辨率作为扫描电子显微镜分辨率的指标。这种与空间产生范围相关的分辨率，也称为空间分辨率。

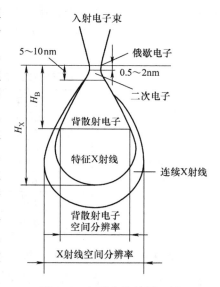

图4-6 电子束的扩展区域

2. 放大倍数

扫描电子显微镜的另一个重要参数是放大倍数。放大倍数的定义：入射电子束在样品表面上扫描的幅度用 A_s 表示；相应地，在荧光屏上阴极射线同步扫描的幅度用 A_c 表示；于是扫描电子显微镜的放大倍数 $M = A_c/A_s$。扫描电子显微镜的荧光屏尺寸是不变的，所以要改变放大倍数，可以通过改变扫描区域的大小来实现。比如，荧光屏的宽度是100mm，电子束在样品上扫描的幅度是0.05mm，那么此时的放大倍数 M 就是2000倍。那么，是不是扫描电子显微镜的放大倍数越大越好呢？因为放大倍数越大，看得越清楚。实际情况并不是这样，能否看清楚取决于分辨率。在能够分辨样品上最小细节的前提下，选用放大倍数的原则是，应尽可能地选用较低的放大倍数，因为可以观察记录到更大的样品区。

3. 景深

扫描电子显微镜以景深大而著称。景深是指在保持图像清晰的前提下，试样在物平面上下沿镜轴可移动的距离，或者说试样超越物平面所允许的厚度。景深取决于分辨本领 d_0 和电子束入射半角 α_c。由图4-7可知，扫描电镜的景深 F 为

$$F = \frac{d_0}{\tan\alpha_c} \qquad (4\text{-}1)$$

因为 α_c 很小，所以可以写成

$$F = \frac{d_0}{\alpha_c} \qquad (4\text{-}2)$$

表 4-2 给出了在不同放大倍数下扫描电子显微镜的分辨率和相应的景深值（入射半角 $\alpha_c = 10^{-3}\,\mathrm{rad}$）。可见，二次电子像的景深比光学显微镜的景深大得多。

图 4-8 所示为多孔 SiC 的二次电子像，由于扫描电子显微镜的景深大，不仅可以观察到多孔 SiC 的孔表面形貌，而且可以观察到孔内部的粘连和局部破损。

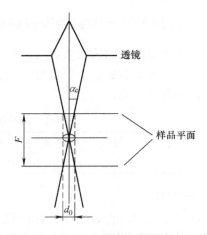

图 4-7　景深与分辨率、入射半角的关系

表 4-2　在不同放大倍数下扫描电子显微镜的分辨率和相应的景深值

放大倍数 M	分辨率 $d_0/\mu m$	景深 $F/\mu m$	
		扫描电镜	光学显微镜
20	5	5000	5
100	1	1000	2
1000	0.1	100	0.7
5000	0.02	20	—
10000	0.01	10	—

图 4-9 所示为轧制态镁 – 稀土合金的拉伸失效后断口的二次电子像。在大景深条件下，可以观察到 200℃ 拉伸断口和 400℃ 拉伸断口都是韧窝断口，但后者的韧窝更深、更大。

4. 微区化学成分

入射电子激发的特征 X 射线信号可以用于鉴定微区化学成分。特征 X 射线的波长和强度分别与待测区域的原子序数和原子数相关。这项工作由扫描电子显微镜的附件——X 射线谱仪（波谱仪或能谱仪）来完成。入射电子束激

图 4-8　多孔 SiC 的二次电子像

发样品产生的特征 X 射线是多波长的。波谱仪（WDS）利用分光晶体对 X 射线的衍射作用，使不同波长展开进而加以检测；能谱仪（EDS）是按 X 射线光子能量展谱的，其关键部件是锂漂移硅固态检测器，简称 Si（Li）检测器。这里只介绍能谱仪。如图 4-10 所示，能谱仪通过 Si（Li）检测器将所有波长（能量）的 X 射线光子几乎同时接收进来，每个能量为 E 的 X 光子，相应地引起 n 对电子 – 空穴对（$n = E/\varepsilon$，ε 为产生一对电子 – 空穴对的能量消耗，Si 在 77K 条件下为 $\varepsilon = 3.8\mathrm{eV}$）。不同的 X 射线光子能量产生的电子 – 空穴对数不同；Si（Li）检测器接收后，经过积分输出一种相应的积分电流信号，再经放大整形后送入多通

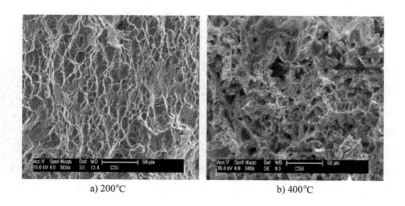

a) 200℃　　　　　　　　　　　　　b) 400℃

图 4-9　轧制态镁 – 稀土合金拉伸失效后的断口

道脉冲高度分析器。这里按其脉冲高度也就是能量大小，分别进入不同的计数通道，然后在记录仪或荧光屏上将脉冲数—脉冲高度曲线显示出来，得到 X 射线能谱曲线。如图4-11所示的能谱曲线，图中的能量已转换成对应的化学元素。

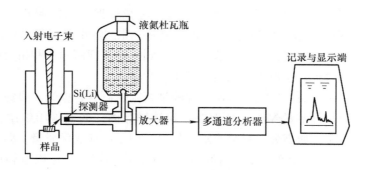

图 4-10　能谱仪结构功能框图

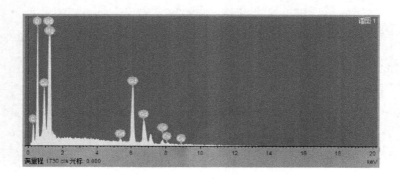

图 4-11　能谱曲线

第三节　扫描电子显微镜的样品制备

利用扫描电子显微镜观察材料样品时，样品至少需要具备两个基本条件：一是样品结构真实。若看样品表面结构，可以用高压气枪冲洗样品，以去除附着在样品表面的杂质；若要看样品内部结构，如电子元器件内部的引线焊接点、触摸屏截面或多层膜样品截面等，则需要有效的制样工具进行切割、抛光，获得真实的内部结构信息。二是样品导电。若样品本身具有足够的导电性，那么可以直接将样品用导电胶带粘在样品台上，放入扫描电子显微镜样品室中直接观察；若样品本身导电性不好，一般需要进行表面镀膜处理，可以通过离子溅射喷镀金或铂金薄膜，或通过蒸镀沉积铂碳膜。

28. 真空镀膜仪
（徕卡 EM_ACE200）

当使用扫描电子显微镜检测工程材料时，通常会接触三类样品，即断口样品、块体样品及粉末样品。断口样品用来确定失效构件或试样的失效机制，因此在取样时要求尽可能保证断口为断裂后的新鲜表面。块体样品通常要通过切割、抛光和腐蚀等预处理后，观察样品内部结构特征；粉末样品不可直接用于观测，因为在抽真空过程中粉末会被吸入泵内或镜头上，从而损坏仪器。

首先来看看断口样品。图 4-12 是 $60Si_2Mn$（一种弹簧钢）的拉伸断口扫描电子显微镜照片。加速电压为 20kV，放大倍数为 1000 倍，这是一张二次电子成像照片。断口的外缘部分为微孔聚集产生的大量韧窝，从中央部分可以看到一些解理面和一些粗大的第二相。可以基本判定，裂纹产生的源头在粗大第二相与基体间的界面上。

第二类样品是块体样品。这类样品通常要经过切割、研磨、抛光、腐蚀等预处理，过程类似于光学显微镜金相样品的制备，从而获得块体样品内部的微观组织结构。值得一提的是，对于不导电的样品，如高分子材料或陶瓷材料，为了保证成像质量，要进行表面喷碳或喷金处理。图 4-13 是 35K 钢在冷变形后的扫描电子显微镜照片。可以看到该样品的表面在经过抛光和腐蚀后，出现层状组织，也就是常见的渗碳体。

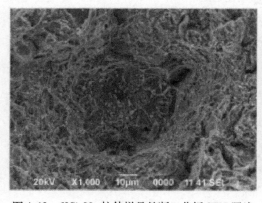

图 4-12　$60Si_2Mn$ 拉伸样品的断口分析 SEM 照片

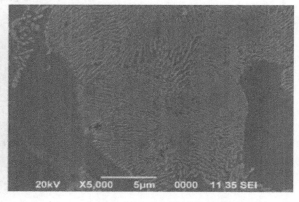

图 4-13　35K 钢冷变形后的扫描电子显微镜照片

第三类样品是粉末样品。第一种情况是观察分析粉末颗粒的外观，可将粉末样品直接均匀地撒在导电胶上粘好，并将导电胶粘在样品托上。不导电的粉末，同样也要进行表面喷碳或喷金处理。值得注意的是，切不可直接将粉末用于观测。因为在抽真空的过程中，粉末会吸附在镜头上，导致镜头被污染。图 4-14 是纳米级的 **ZSM - 5 核粉末**（一种分子筛催化剂）经过不同条件处理后，粉末颗粒形态和大小发生变化。为了使各种条件下的粉末颗粒具有可比性，采用了相同的放大倍数。第二种情况是观察分析粉末颗粒的截面，可采用树脂包埋 + 机械切割、离子切割等方法将粉末颗粒切开观察。

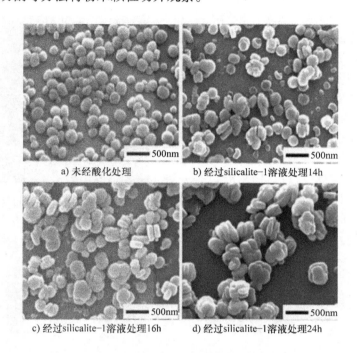

a) 未经酸化处理　　　　　　b) 经过silicalite-1溶液处理14h

c) 经过silicalite-1溶液处理16h　　d) 经过silicalite-1溶液处理24h

图 4-14　ZSM - 5 核的扫描电镜照片

29. 超薄切片（徕卡 UC7）

第四节　扫描电子显微镜的应用

根据前面章节的介绍，电子束与样品相互作用会产生许多信号，扫描电子显微镜使用最多的信号主要有两种，即二次电子和背散射电子。二次电子像显示的是样品的表面形貌衬度，这利用了二次电子的产额与样品表面形貌密切相关的特性，因此它的应用范围是与表面形貌相关的分析，如断口分析、金相分析、粉末形貌分析、摩擦磨损分析、腐蚀分析和失效分析等。背散射电子成像利用的是不同物相因平均原子序数不同而显示不同的衬度，用于分析相的组成、形状、尺寸及其分布。

一、二次电子成像

首先来看断口分析，常见的材料断口有沿晶断口、韧窝断口、解理断口和疲劳断口等几种。扫描电子显微镜的景深很大，相当于单反相机的镜头，样品表面不同高度都能够在显示屏上成清晰的像，特别适合材料的断口分析。断裂方式就是观察断口的形貌，根据各种断口类型的特征形貌判断断口类型。

图 4-15 所示为沿晶断口。其特征是断裂发生于晶粒表面，属于典型的脆性断裂，断口上没有明显的塑性变形。

图 4-16 所示为韧窝断口。韧窝断口是一种穿晶的韧性断口。其特征是断口由韧窝和撕裂棱组成，韧窝底部有时可见第二相粒子存在，断口呈现韧性断裂特征。

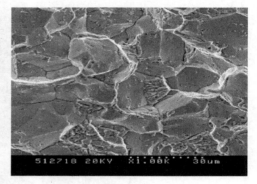

图 4-15　沿晶断口的形貌特征

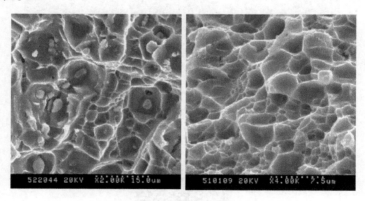

图 4-16　韧窝断口的形貌特征

图 4-17a 所示为解理断口。解理断口属于脆性断裂，是断口沿着解理面产生的穿晶断裂。其特征是断口中存在许多台阶，裂纹扩展过程中台阶相互汇合，形成河流花样。图 4-17b 所示为准解理断口。其特征是解理面相对较小，且解理台阶边缘存在撕裂棱。

其次，二次电子像可以用于制备样品的表面形貌观测，从而判断样品的相组成。如图 4-18 所示，在不同条件下制备的氧化钇稳定的氧化锆陶瓷表面分别为四方相氧化锆（t-ZrO_2）表面、立方相氧化锆（c-ZrO_2）表面及四方相与立方相混合的氧化锆$[(c,t)$-$ZrO_2]$表面。不同制备条件下的相不同，表面形貌也不同，可以通过扫描电子显微镜分析出来。

表面形貌观测的另一个应用是材料的金相分析。金相显微镜也可以分析材料的金相，但扫描电子显微镜二次电子像的分辨率更精细、放大倍数更大、图像更清晰、观察更全面。

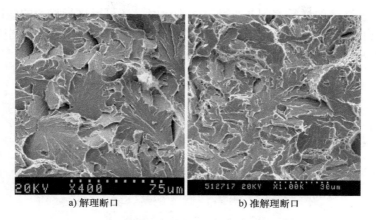

a) 解理断口 b) 准解理断口

图 4-17 断口的形貌特征

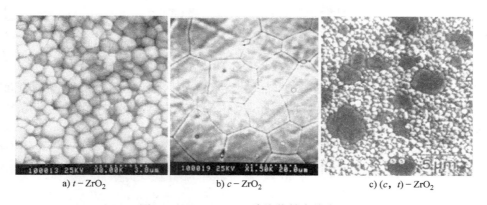

a) $t-ZrO_2$ b) $c-ZrO_2$ c) $(c,t)-ZrO_2$

图 4-18 $ZrO_2-Y_2O_3$ 陶瓷烧结自然表面

图 4-19 所示为某种钢的金相组织二次电子像。值得注意的是，扫描电子显微镜试样的腐蚀程度，通常要比光学金相显微镜试样略大一些，来获得刻蚀更深的表面。

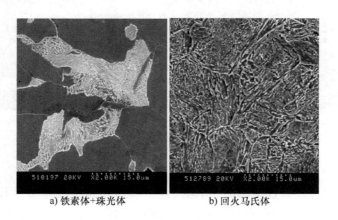

a) 铁素体+珠光体 b) 回火马氏体

图 4-19 钢的金相组织二次电子像

当扫描电子显微镜的样品室配备小型试验平台时，还可以进行材料的塑性变形、裂纹萌生、裂纹扩展以及断裂过程的原位观测。如图 4-20 所示，可以明显地看到样品在拉伸过程中的断裂情况以及裂纹萌生和扩展的路径。

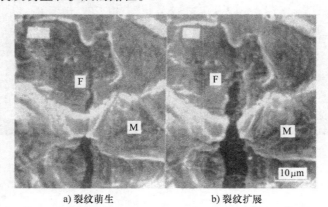

a) 裂纹萌生　　　　　　　　b) 裂纹扩展

图 4-20　铁素体（F）＋马氏体（M）双相钢拉伸断裂过程的动态原位观察

此外，二次电子像还可以用于粉末样品的粒度及空间形状观察，成像的立体感非常强。对于导电性好的粉末不需要进行特殊的前处理，只需将粉末均匀撒在导电胶上即可放入样品室观察。图 4-21 所示为两种粉末样品的二次电子像。

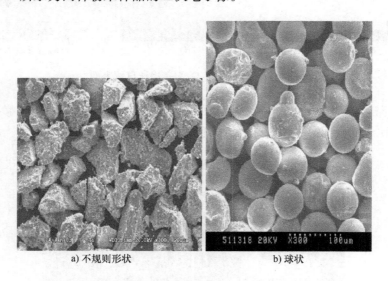

a) 不规则形状　　　　　　　　b) 球状

图 4-21　粉末样品的二次电子像

还可以利用材料表面磨损情况的二次电子像，根据磨损形貌特征和工作条件分析其磨损机制。图 4-22 所示为合金钢表面磨损形貌的二次电子像。

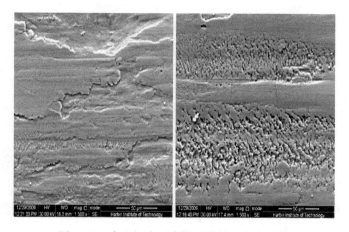

图 4-22　合金钢表面磨损形貌的二次电子像

二、背散射电子成像

由于二次电子像的形貌衬度像的分辨率更高，样品形貌观察一般采用二次电子像，而用背散射电子像成原子序数衬度像。背散射电子的产额因为平均原子序数的增大而增加，体现在荧光屏上就是更亮，相同亮度的区域是相同的相，亮度不同的区域是不同的相，从而分析出样品相的组成、形状、分布等。背散射电子不仅可以成原子序数衬度像，还可以成表面形貌衬度像。图 4-23 所示为铝锂合金共晶组织形貌背散射电子像。根据横截面像和纵截面像的分布，可以看出第二相的形状是针状，并且可以观察相的尺寸。

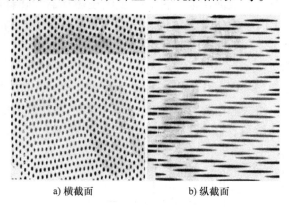

a) 横截面　　　　　　b) 纵截面

图 4-23　铸造铝锂合金共晶组织形貌背散射电子像

对于更复杂的情况，如图 4-24 所示的氮化硅（Si_3N_4）陶瓷与钢钎焊接头显微组织的背散射电子像，可以根据相的亮度来分析各个过渡层的相组成。

扫描电子显微镜最常用的信号是二次电子和背散射电子，那么可否用其他信号来分析物质的结构和成分呢？答案是肯定的，如俄歇电子能谱、光电子能谱等，其测试原理和检测设备的结构与扫描电子显微镜基本类似，可以说是扫描电子显微镜应用的延伸。

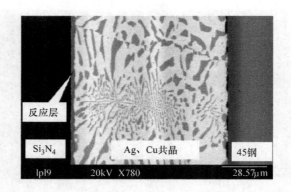

图 4-24　氮化硅（Si_3N_4）陶瓷与钢钎焊接头显微组织的背散射电子像

第五节　扫描电子显微术的案例解析

案例一　一种铁电材料薄膜表面形貌结构的 SEM 观察

1. 材料应用背景

锆钛酸铅（$PbZr_{0.52}Ti_{0.48}O_3$，PZT）是一种常见的铁电材料，被广泛用于生产多种元件。PZT 铁电材料具有介电性、铁电性、压电性和热释电性等特性，可广泛用于电容器、动态随机存储器、移相器、滤波器、表面声波元件、微型电压驱动器和热释电探测器等元件。为满足微电子、光电子等提出的小型化、轻量化、集成化的要求，PZT 铁电材料薄膜化显得尤为重要。

2. 材料样品的制备

以三水合醋酸铅［$Pb(OAc)_2 \cdot 3H_2O$］、正丙醇锆［$Zr(OCH_2CH_2CH_3)_4$］、异丙醇钛（$Ti(OCH(CH_3)_2)_4$）、乙二醇甲醚（$HOCH_2CH_2OCH_3$）和乙酰丙酮（$CH_3COCH_2COCH_3$）为原材料制备 PZT 前驱体溶液，制备工艺流程如图 4-25 所示。

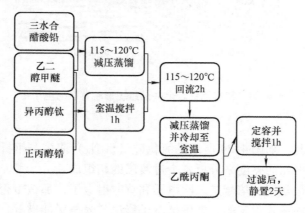

图 4-25　PZT 前驱体溶液制备工艺流程

PZT 薄膜的制备工艺如下。

1）量取适量 PZT 前驱体溶液，加入 7% 体积分数的醋酸常温搅拌 30min，过滤后待用。

2）将过滤好的 PZT 前驱体溶液滴到基片上直至铺满整个基片。

3）匀胶，将前驱体溶液均匀分散至整个基片。匀胶速度为 4000r/min，匀胶时间为 30s。

4）将基片放置在加热板上，在 150℃ 条件下加热 5min，使溶剂挥发。

5）将基片放置在加热板上，在 350℃ 条件下加热 5min，除去多余的有机物。

6）将基片放置在 600℃ 的马弗炉中烘烤 2min，使薄膜进行预结晶。

7）重复上述工艺，直至获得所需厚度的 PZT 薄膜。

8）将基片放置在 700～800℃ 的马弗炉中退火 1h，使薄膜结晶。

3. 测试仪器型号与测试使用的具体参数

采用德国蔡司光学仪器生产的 ULTRA PLUS - 43 - 13 型场发射扫描电子显微镜对薄膜表面形貌结构进行观察。采用 LaB6 热场发射电子枪，二次电子像成像，加速电压为 5kV，放大倍数为 10 万倍，工作距离为 2.4mm。

4. 测试结果与分析

从图 4-26 中可以看出，锆钛酸铅铁电薄膜没有裂纹、结晶良好、致密性好、晶粒和晶界非常明显。钡镁钽 $[Ba(Mg_{1/3}Ta_{2/3})O_3]$ 缓冲层的存在对其致密度无大的影响，但其表面晶粒尺寸增加了，说明钡镁钽缓冲层的存在对锆钛酸铅薄膜晶粒生长有利，这是由于钡镁钽与锆钛酸铅有相近的晶格常数和较小晶格失配度，为锆钛酸铅薄膜的生长提供大量的成核位置，而且降低了成核能，使之有利于锆钛酸铅薄膜晶体的长大。

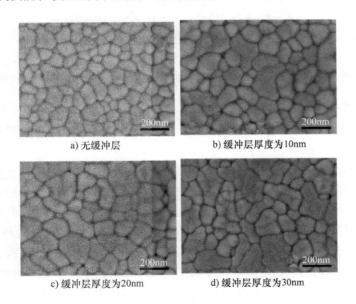

a) 无缓冲层   b) 缓冲层厚度为 10nm

c) 缓冲层厚度为 20nm   d) 缓冲层厚度为 30nm

图 4-26 不同缓冲层厚度的锆钛酸铅（$PbZr_{0.52}Ti_{0.48}O_3$）铁电薄膜表面 FE - SEM 照片

案例二　一种镁－稀土挤压合金超塑性拉伸后的 SEM 观察

1. 材料应用背景

镁合金结构材料的应用在交通运输工具轻量化等方面具有很大的潜力。相对于铝合金材料，镁合金的耐热性能较差，因此，目前镁合金仅仅应用在汽车的仪表板、转向盘、阀门罩等零件上；进一步应用在动力传动系统中的零件，则需要较高的耐热性能（200～300℃）。已有研究表明，在镁中添加 Gd 以及其他稀土元素（RE），通过固溶强化与析出强化可使镁合金的耐热性能显著提高。另外，超塑性成形技术可以将镁合金加工成复杂形状的零件，力学性能及可靠性明显优于一般铸造件。

2. 材料样品的制备

试验合金为 Mg－9.0Gd－4.0Y－0.4Zr（质量分数，%）。合金铸锭经 520℃均匀化后，在 375℃的温度下挤压成外径为 10mm 的棒材。挤压比为 14:1，压头速率为 2mm/min。挤压棒被加工成圆柱体拉伸试样，标距长 25mm，直径为 5mm。高温拉伸试验在配备有电阻炉的 MTS 万能试验机上进行，夹头两端及试样标距内安置灵敏的钯铑合金热电偶，数字温控仪保证三处的温度差不超过 2℃。拉伸方向平行于挤压方向。应变速率范围为 $7 \times 10^{-5} \sim 4 \times 10^{-3} \mathrm{s}^{-1}$，温度范围为 350～485℃。样品在试验温度下经 1800s 保温后开始拉伸。未经拉伸变形以及拉伸变形后的 Mg－Gd－Y－Zr 合金试样如图 4-27 所示。

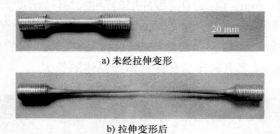

a) 未经拉伸变形

b) 拉伸变形后

图 4-27　未经拉伸变形以及拉伸变形后的 Mg－Gd－Y－Zr 合金试样

3. 测试仪器型号与测试使用的具体参数

样品拉断与空冷后可进行微观组织观察。用 KYKY2800 型扫描电子显微镜对晶粒结构、孔洞及第二相形貌进行观察。

4. 测试结果与分析

挤压棒材的 SEM 微观组织相应的 EDS 分析结果如图 4-28 所示。从图 4-28 中看到晶粒形状为等轴状，平均晶粒尺寸为 10μm，测量方法按照 $d = 1.74L$（其中 d 为晶粒直径，L 为相邻晶界的直线距离），统计数量为 400 个晶粒；在晶界与晶内分布两种形貌的第二相粒子，一种为圆形粒子，另一种为方形粒子。能谱分析显示，圆形粒子富含 Zr 元素，由于 Zr 与 Gd、Mg 均不起反应，因此圆形粒子为 Zr 核，为铸造过程中产生的初生相；方形粒子含 Mg 与 Gd，而且 Mg 与 Gd 的原子数比大致为 3:1，可以断定方形粒子为 Mg_3Gd。Zr 核与 Mg_3Gd 都是铸造过程形成的结晶相。

图 4-29 所示为试样在 450℃、$2 \times 10^{-4} \mathrm{s}^{-1}$ 测试条件下拉断后的微观组织及相应的 EDS 分析结果。图 4-29a 为低倍的 SEM 照片，可以观察到孔洞沿拉伸方向（即挤压方向）分布。

挤压方向

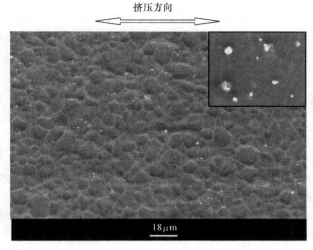

18μm

a: Zirconium - rich核心

元素	质量占比(%)	原子占比(%)
Zr L	89.80	75.45
O K	3.69	1.40
Mg K	6.51	23.15
总计	100.0	100.0

b: Mg_3Gd 化合物

元素	质量占比(%)	原子占比(%)
Gd L	71.04	26.64
Mg K	28.96	73.36
总计	100.0	100.0

图 4-28　Mg – Gd – Y – Zr 合金挤压棒的 SEM 照片（挤压方向为
水平方向；小图中标识了两种第二相；表中列出了 EDS 鉴定的第二相化学成分）

拉伸方向

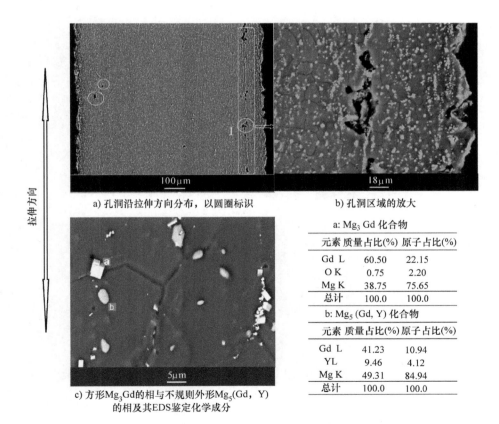

100μm

18μm

a) 孔洞沿拉伸方向分布，以圆圈标识　　　　b) 孔洞区域的放大

5μm

c) 方形Mg_3Gd的相与不规则外形Mg_5(Gd，Y)
的相及其EDS鉴定化学成分

a: Mg_3 Gd 化合物

元素	质量占比(%)	原子占比(%)
Gd L	60.50	22.15
O K	0.75	2.20
Mg K	38.75	75.65
总计	100.0	100.0

b: Mg_5 (Gd, Y) 化合物

元素	质量占比(%)	原子占比(%)
Gd L	41.23	10.94
Y L	9.46	4.12
Mg K	49.31	84.94
总计	100.0	100.0

图 4-29　温度 450℃应变速率 2×10^{-4} s^{-1} 测试条件下拉伸后的 SEM 照片（拉伸轴为竖直方向）

图 4-29b 所示为图 4-29a 中标有 I 的部分的放大结果，在经过 450℃高温拉伸约 3h 后，晶粒依然保持为等轴状，且仅仅长大至 19μm，远远低于 AZ 或 ZK 系列镁合金的长大速度；同时，出现大量白色块状第二相析出。图 4-29c 给出了第二相的形貌，EDS 分析了第二相的化学成分，其 Mg 与（Gd + Y）的原子数比大致为 5∶1，可以确定新出现的析出相为 Mg_5（Gd，Y）。进一步观察第二相与基体的界面发现，孔洞萌生在基体与方块 Mg_3Gd 相的界面，是基体与方块 Mg_3Gd 相的界面结合力不够造成的，而基体与不规则块状 Mg_5（Gd，Y）的界面未见孔洞。

复习思考题

1. 现有一个焊接结构在拉伸的时候发生了断裂，断裂发生在焊缝的位置，如何用扫描电子显微分析判断裂纹从哪个位置萌生，以及裂纹会沿着哪个方向传播？

2. 扫描电子显微镜中经常利用二次电子信号和背散射电子进行失效分析。现在有一个异种金属焊接的连接处发生了断裂，你认为应该如何进行测试来分析发生断裂的原因。

3. 扫描电子显微镜的观察窗口的幅度为 200mm，在放大倍数为 1 万倍的情况下，实际观测的区域的幅度是多少？

第五章 光谱分析术

你会辨识天然翡翠吗？纯翡翠是由 SiO_2、Al_2O_3、Na_2O 等无机化合物组成的，天然产出的翡翠有的颜色不好，有的难免有些瑕疵（如裂纹）影响质量。于是，市场上出现了各种人工染色或黏结填补处理的赝品。翡翠制品如图 5-1 所示。本章就来告诉你如何采用光谱分析技术，无损伤地鉴定这些赝品中的有机添加物。

图 5-1　翡翠制品

第一节　光谱分析概述

一、光谱分析基本原理

1. 光谱分析法

利用光与待测物质的原子和分子发生相互作用，引起物质内分子运动状态发生变化，并产生特征能级之间的跃迁进行分析的方法，即为光谱分析法。其特征如下：

① 光与待测物质中原子和分子发生相互作用。

② 待测物质分子运动状态发生变化。

③ 特征能级发生跃迁。

其中，特征能级发生跃迁是区别光谱分析和非光谱分析的根本特点。非光谱分析法不涉及特征能级之间的跃迁，只利用照射光的方向及物体某些物理性质（如折射、反射、散射、偏振和二色性等）的变化来进行分析。比如：折射法、圆二色性法、X 射线衍射法、干涉法和旋光法就不是光谱分析法，而是非光谱分析法。第三章已经讲述非光谱分析法中的 X 射线衍射物相分析法，本章主要介绍光谱分析法。

图 5-2 是光与物质分子相互作用示意图。当光与物质分子发生相互作用时，可产生吸

收、发射和散射等现象。因此，根据光与物质分子相互作用的不同，可以把光谱分为吸收光谱、发射光谱和散射光谱。在一般情况下，分子处于基态，当光与分子发生相互作用时，分子吸收光能 $h\nu$，从低能级 E_i 跃迁到高能级 E_j，产生吸收光谱（见图5-3）。分子被激发至高能级后，再由高能级 E_j 回复到低能级 E_i，释放出光能 $h\nu$，即产生发射光谱。当光被样品散射时，随着分子内能级的跃迁，散射光频率发生变化，这样形成的光谱叫作散射光谱。这种能级的跃迁是量子化的，与光的能量和物质本身的结构有关，因而测量不同能量的光与物质分子相互作用的信息，就能获得物质的定性与定量数据。

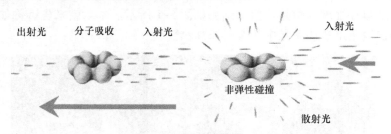

图5-2　光与物质分子相互作用示意图

根据光与待测物质相互作用方式的不同，光谱分析法可分为三大类，即吸收光谱法、发射光谱法和散射光谱法，如图5-4所示。其中，吸收光谱法包括原子吸收光谱、紫外–可见吸收光谱、红外光谱和核磁共振谱；发射光谱法包括原子发射光谱、原子荧光光谱、分子荧光光谱、分子磷光光谱、X射线荧光光谱和化学发光光谱等；散射光谱主要包括拉曼光谱。本章主要介绍红外光谱和拉曼光谱。

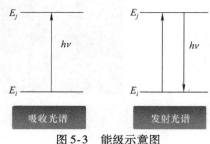

图5-3　能级示意图

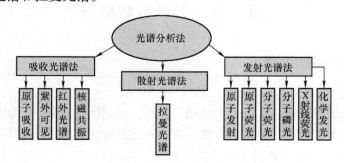

图5-4　光谱分析法的类型

2. 光的性质

光是一种电磁辐射，具有波粒二象性，既有波动性又有微粒性。波动性是指光在空间的传播遵循波动方程，可用波长（λ）、频率（ν）和波数（σ）来表征，它们之间的关系为

$$\sigma = \frac{1}{\lambda} = \frac{\nu}{c} \tag{5-1}$$

式中　c——光在真空中的传播速度，取 $c = 3 \times 10^8$ m/s。

光的微粒性指电磁波是由光子所组成的光子流。描述其微粒性的主要物理参数有光子能量（E）和光子动量（P）。

光的波动性与微粒性之间的联系为

$$E = h\nu = \frac{hc}{\lambda} \tag{5-2}$$

式中　h——普朗克常数，取 $h = 6.625 \times 10^{-34} J \cdot s$。

式（5-2）建立了光子能量 E 与电磁波波长 λ 以及频率 ν 之间的关系。由此可知，不同频率的光子具有不同的能量。

【例】　某分子的外层价电子从基态跃迁到激发态需要 20eV，请问该分子吸收光的波长是多少？

解：已知 $1eV = 1.602 \times 10^{-19} J$，根据公式 $E = hc/\lambda$，则

$$\lambda = hc/E$$
$$= (6.626 \times 10^{-34} \times 3 \times 10^{8}) m / (20 \times 1.602 \times 10^{-19})$$
$$= 0.62 \times 10^{-7} m$$
$$= 62 nm$$

也就是说，该分子要吸收波长为 62nm 的紫外光，才能使其外层价电子从基态跃迁至激发态。

3. 物质分子的运动

物质的分子是由原子组成的。物质分子内部存在着 3 种运动形式，即电子绕原子核运动（主要指电子的跃迁）、原子核的振动、分子的转动。3 种运动都具有一定量子化的能量，分子的总能量（E）可近似看成该 3 种能量之和，即

$$E = E_e + E_v + E_r \tag{5-3}$$

式中　E_e——分子的电子能；

$\quad\quad E_v$——分子的振动能；

$\quad\quad E_r$——分子的转动能。

如图 5-5 所示，电子基态和电子激发态能量差为电子能级差 ΔE_e，类似还存在振动能级差 ΔE_v 和转动能级差 ΔE_r。其中，电子能级差 ΔE_e 最大，振动能级差 ΔE_v 次之，转动能级差 ΔE_r 最小。

30. 电子跃迁示意图

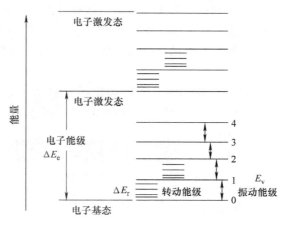

图 5-5　物质分子的运动能级图

【思考】 要引起电子跃迁、原子核振动和分子转动，分别需要用什么频率的光来照射？

将 3 种运动形式对应的分子内能、能级和能级差列于表 5-1 中。根据能级差，再利用式（5-2），可计算对应的波长范围。由此可得，电子跃迁对应的波长范围为 $0.062 \sim 1.230\mu m$，为紫外 - 可见光区；原子核振动对应的波长范围为 $1 \sim 50\mu m$，对应于红外区；分子转动对应的波长为 $50 \sim 300\mu m$，对应于远红外区。由此可见，不同波长的光照射到材料上引起物质分子的能级跃迁是不同的，提供的分子结构信息也是不同的。紫外光能量大，可以引起待测物质内电子跃迁，产生紫外吸收光谱；红外光照射可以引起原子核振动，形成振动光谱也即红外光谱；远红外光照射只能使分子转动能级跃迁，因此称为转动光谱或远红外光谱。

表 5-1 物质内 3 种运动形式的比较

运动形式	能级	分子内能	能级差 /eV	波长范围 /μm	吸收光谱区域
电子的跃迁	电子能级	电子能 E_e	$1 \sim 20$	$0.062 \sim 1.23$	紫外 - 可见光区
原子核的振动	振动能级	振动能 E_v	$0.05 \sim 1$	$1 \sim 50$	红外区
分子的转动	转动能级	转动能 E_r	$1 \times 10^{-4} \sim 0.05$	$50 \sim 300$	远红外区

二、光谱分析仪的组成

光谱分析仪按用途不同可分为多种，各种仪器的操作要求也不相同，但组成部件大同小异，主要由光源、单色器、样品池、检测器、显示与数据处理装置等部件组成。

（1）光源 光源包括所需的光谱区域内的连续辐射能源，如红外区用能斯特灯或硅碳棒等作为光源，紫外区则采用氘灯，荧光光谱仪使用氙灯，而拉曼光谱仪主要用激光光源或汞弧灯。

（2）单色器 光源发射的辐射能源一般为多色光，可经过单色器分成单色光。单色器主要有滤光片；在一般分光光度仪中采用棱镜或光栅作为单色器。

（3）样品池 样品池在所测定光谱区域，应该是"透明"的、没有干扰的。

（4）检测器 检测器把辐射能转变成电信号。紫外及可见光用光电检测器，红外区则用热敏检测器。

（5）显示与数据处理装置 对检测到的信号进行数据处理，并显示最终结果。

吸收光谱仪的典型流程如图 5-6 所示。发射光谱、散射光谱与吸收光谱的差别仅在于：前两种光谱仪中，信号的测量都与光源成一定的角度，并且在样品池前后各放一个单色器进行两次滤光。

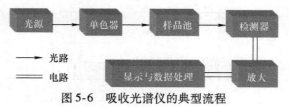

图 5-6 吸收光谱仪的典型流程

三、吸收光谱图的表示方法

在吸收光谱中，物质分子与光相互作用产生吸收谱带。一般情况下可用吸收光的频率

（或波长）和光强来表征吸收谱带。吸收光谱所测量的是光通过样品后，光强随频率（或波长）变化的曲线。

吸收光谱图的横坐标表示吸收光的频率（或波长），也是光的能量坐标。由于光谱分析反映了物质吸收带的能量与分子结构的关系，因此吸收曲线在横坐标的位置也可以作为分子结构的表征，是定性分析的主要依据。

纵坐标则表示光强，一般应遵守比尔定律，即光强与样品分子吸收的光子数成正比。样品分子吸收光子数的多少既反映了分子中能级跃迁的概率，又和样品中的分子数有关，因此它不但可以给出分子结构的信息，而且也可以作为定量分析的依据。

一束平行电磁辐射，强度为 I_0，穿过厚度为 b，浓度为 c 的透明介质溶液后，由于介质中粒子对辐射的吸收，结果强度衰减为 I，则有以下公式

1）透光率 T 为

$$T(\%) = 100 \times \frac{I}{I_0} \qquad (5\text{-}4)$$

2）吸光度 A 为

$$A = -\lg T = \lg \frac{I_0}{I} \qquad (5\text{-}5)$$

3）摩尔吸光系数 ε：当某一波长光通过浓度为 1mol/L、液层厚度为 1cm 溶液的吸光度，即

$$\varepsilon = \frac{A}{bc} \qquad (5\text{-}6)$$

4）对数吸光系数 $\lg\varepsilon$ 为

$$\lg\varepsilon = \lg \frac{A}{bc} = \lg A - \lg bc \qquad (5\text{-}7)$$

5）吸收率 A（%）为

$$A(\%) = 1 - T(\%) \qquad (5\text{-}8)$$

当纵坐标选用不同的表示方法时，所得到的曲线形状是不同的，图 5-7 所示为同一试样在同样条件下测得的不同形状的紫外光吸收曲线。

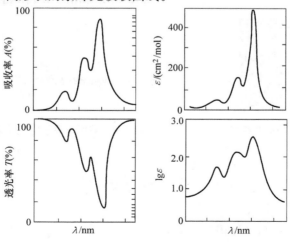

图 5-7　同一试样的紫外光吸收曲线的各种表示方法

第二节　红外光谱

一、红外光谱原理

红外光谱（Infrared Spectroscopy，IR）是一种吸收光谱。由表 5-1 可知，红外光只能激发分子内原子核之间的振动和转动能级的跃迁。因此，红外光谱是通过测定这两种能级跃迁的信息来研究分子结构的。红外光谱的研究始于 20 世纪初期。自 1940 年红外光谱仪问世以来，红外光谱在有机高分子材料研究中得到了广泛的应用。在红外光谱图中，纵坐标一般用线性透光率作为标度，称为透射光谱图；也有采用非线性吸光度作为标度的，称为吸收光谱图。横坐标通常以红外光的波数（cm^{-1}）为标度，但有时也用波长（μm）作为标度。通常的红外光谱波数为 $4000 \sim 400 cm^{-1}$，涵盖一般有机小分子和高分子的基频振动频率范围，可以给出非常丰富的结构信息。

1. 分子振动和振动频率

在分子中存在着许多不同类型的振动，其振动自由度与原子数有关。含 N 个原子的分子有 $3N$ 个自由度，除去分子的平动和转动自由度外，振动自由度应为 $3N-6$（线性分子是 $3N-5$）。这些振动可分为两大类：一类是原子沿键轴方向的振动，键长改变、键角不变，称为伸缩振动（用符号 ν 表示），这种振动又可以分为对称伸缩振动（用 ν_s 表示）和非对称伸缩振动（用 ν_{as} 表示）；另一类是原子垂直于价键方向的振动，基团键角改变，而键长不变，称为弯曲（或变形）振动，用符号 δ 表示，这种振动又可以分为面外弯曲振动和面内弯曲振动等。双原子分子化学键的振动，类似于连接两个小球的弹簧，如图 5-8 所示。按照这一模型，双原子分子的简谐振动满足胡克定律，振动频率 ν 可用式（5-9）表示。

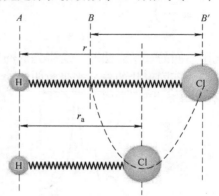

31. 亚甲基的振动模式　　　　　　图 5-8　双原子分子振动示意图

$$\nu = \frac{1}{2\pi}\sqrt{\frac{k}{M}} \tag{5-9}$$

式中　ν——振动频率（Hz）；

　　　　k——化学键力常数，$k = 10^{-5}\mathrm{N/cm}$；

　　　　M——原子折合质量 g，有：

$$M = \frac{m_1 m_2}{m_1 + m_2} \tag{5-10}$$

式中　m_1——其中一个原子的相对原子质量；

　　　m_2——另一个原子的相对原子质量。

若用波数来表示双原子分子的振动频率，则式（5-9）可改写为

$$\sigma = \frac{1}{2\pi c} \sqrt{\frac{k}{M}} = 1307 \sqrt{\frac{k}{M}} \tag{5-11}$$

式中　σ——波数；

　　　c——光速。

由此可见，不同分子的振动频率是不同的，频率与原子间的键力常数成正比，与原子的折合质量成反比。根据式（5-2），振动能级差为

$$\Delta E_{振} = \frac{h}{2\pi} \sqrt{\frac{k}{M}} \tag{5-12}$$

常见化学键的键力常数见表5-2。

表5-2　常见化学键的键力常数　　　　　（单位：10^{-7}N/m）

键	分子	k	键	分子	k
H—F	HF	9.7	H—C	$CH_2{=}CH_2$	5.1
H—Cl	HCl	4.8	H—C	CH≡CH	5.9
H—Br	HBr	4.1	C—Cl	CH_3Cl	3.4
H—I	HI	3.2	C—C	—	4.5~5.6
H—O	H_2O	7.8	C=C	—	9.5~9.9
H—S	H_2S	4.3	C≡C	—	15~17
H—N	NH_3	6.5	C—O	—	12~13
H—C	CH_3X	4.7~5.0	C=O	—	16~18

【思考】　比较碳碳键（三键、双键、单键）的键力常数，估算碳碳单键、双键和三键的伸缩振动峰的频率（或波数），并总结相关规律。

在多原子分子中有多种振动形式，每种简正振动都对应一定的振动频率。图5-9是甲基的伸缩振动和弯曲振动示意图。甲基的对称伸缩振动在 $2870cm^{-1}$ 处，不对称伸缩振动在 $2960cm^{-1}$ 处，均为强吸收，在光谱中较明显。甲基的对称弯曲振动在 $1380cm^{-1}$ 处，不对称弯曲振动在 $1460cm^{-1}$ 处，强度相对较弱，往往被附近峰遮盖，不太明显。

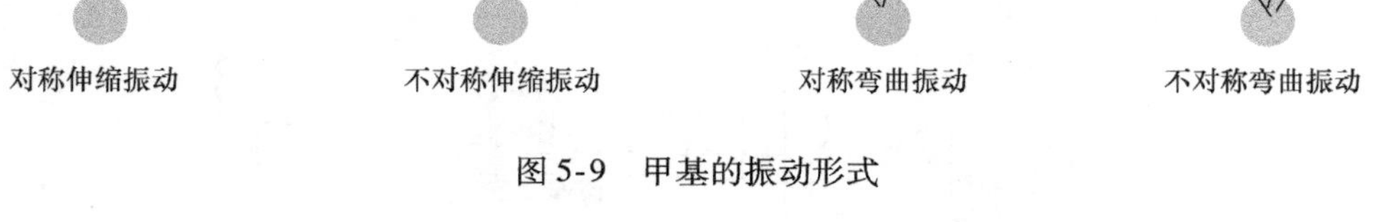

对称伸缩振动　　　　　不对称伸缩振动　　　　　对称弯曲振动　　　　　不对称弯曲振动

图5-9　甲基的振动形式

2. 红外光谱产生的条件

红外光谱是由于物质吸收电磁辐射后，分子振动－转动能级的跃迁而产生的。物质能吸收电磁辐射产生红外光谱，需要满足两个条件：一个是辐射应具有刚好能满足物质跃迁所需的能量；另一个是辐射与物质间有相互耦合作用，即辐射能引起分子偶极矩的变化。对称分子没有偶极矩，辐射不能引起共振，无红外活性，如 N_2、O_2、Cl_2 等。非对称分子有偶极矩，有红外活性，在满足辐射能要求下，可以产生红外光谱。在多原子分子中，有些振动虽然具

32. 甲基的振动模式

有红外活性，但在分子中是等效的，如线性 CO_2 分子的两种弯曲振动（见图5-10）。这两种弯曲振动的方向互成直角，具有相同的振动频率，产生振动简并，在红外光谱中只有 $667 cm^{-1}$ 处的一个吸收峰。因此，所观察到的红外吸收谱带数往往小于分子振动的数目。

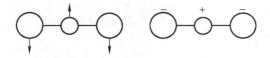

图5-10 CO_2分子中两种弯曲振动

二、傅里叶变换红外光谱仪及制样

1. 傅里叶变换红外光谱仪结构原理

从20世纪60年代末开始发展的傅里叶变换红外光谱仪（FTIR），其特点是可同时测定所有频率的信息，得到光强随时间变化的谱图。这种红外光谱仪可以大幅度缩短扫描时间，同时由于不采用传统的色散元件，提高了测量灵敏度和测定的频率范围，分辨率和波数精度也比较高。

傅里叶变换红外光谱仪的核心部件是迈克尔逊干涉仪。干涉仪由光源、动镜、定镜、分束器、检测器等几个主要部分组成。如图5-11所示，以能斯特灯或硅碳棒作为光源，光源发出的光首先到达分束器，把光分成两束：一束透射到定镜，随后发射回分束器，再反射入样品池后到探测器；另一束经过分束器，反射到动镜，再反射回分束器，透过分束器与定镜来的光合在一起，形成干涉光，透过样品池进入探测器，经过放大和滤波器得到干涉图，经过傅里叶变换和光电转换即得到红外光谱图。

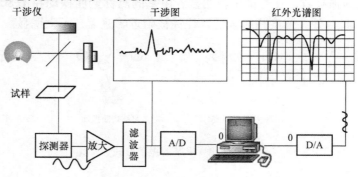

图5-11 傅里叶变换红外光谱仪的结构原理

2. 红外光谱测试试样的制备

试样制备及处理在红外光谱分析中占有重要的地位，试样处理过程中必须注意以下几点。

（1）试样应该是单一组分的纯物质　多组分试样在测定前应尽量预先用分馏、萃取、重结晶或色谱法等进行组分分离；否则各组分光谱相互重叠，以致对谱图无法进行正确的解释。

（2）试样要尽量干燥，不应含有游离水　水本身会被红外线吸收，严重干扰样品谱，而且还会侵蚀吸收池的盐窗。

（3）试样的浓度和测试厚度应选择适当　以使光谱图中的大多数吸收峰的透射率处于10%~80%（吸光度0.2~0.7）范围内。浓度太小、厚度太薄，会使一些弱吸收峰的光谱细微部分不能显示出来；过大、过厚，又会使强的吸收峰超越标尺刻度而无法确定它的真实位置。

红外光谱的测试试样可以是液体、固体或气体，不同状态的样品有不同的制样方法。

（1）气体试样　气体试样可在玻璃气槽内进行测定，它的两端粘有红外透光的 NaCl 或 KBr 窗片。先将气槽抽真空，再将试样注入。

（2）液体试样　分析液体试样时一般采用溶液法和液膜法。溶液法适用于沸点较低、挥发性较大的试样，可注入封闭液体池中，液层厚度一般为0.01~1mm。液膜法主要针对沸点较高的试样，直接滴在两片盐片之间，形成液膜。对于一些吸收很强的液体，当用调整厚度的方法仍然得不到满意的谱图时，可用适当的溶剂配成稀溶液。常用的溶剂包括四氯化碳和二硫化碳。

（3）固体试样　固体试样的处理有以下几种方法。

1）液状石蜡法。将干燥处理后的试样研细，与液状石蜡或全氟代烃混合，调成糊状，夹在两片 KBr 盐片中间进行测定。液状石蜡自身的吸收带简单，但此法不能用来研究饱和烷烃的吸收情况。

2）溴化钾压片法。这种方法采用的比较多，首先将1~2mg试样和200mg溴化钾混合进行干燥处理，置于玛瑙研钵中混匀，充分研磨至粒度小于$2\mu m$，用不锈钢铲盛取70~90mg放入压片模具中，在压机上用$(5~10)\times10^7 Pa$压力将其压成透明薄片，即可用于测定。

3）薄膜法。一些高聚物试样，一般难以研成细末，可制成薄膜直接进行红外光谱测定。薄膜的制备方法有两种：一种是将试样直接加热熔融后涂制或压制成膜；另一种是先将试样溶解在低沸点的易挥发溶剂中，涂在盐片上，待溶剂挥发后成膜来测定。

三、红外光谱与分子结构的关系

掌握各种官能团与红外吸收峰频率的关系是光谱解析的基础。化学键的振动频率决定于键力常数和原子折合质量，基团均有其特征振动频率，常见化合物基团的振动频率主要出现在4000~670cm^{-1}范围。依据基团的振动形式，可以分为4个振动区：①4000~2500cm^{-1}，对应 X—H 伸缩振动区（X=O、N、C、S），也即是 O—H、N—H、C—H 和 S—H 等单键的伸缩振动区；②2500~1900cm^{-1}，主要为三键和累积双键伸缩振动区；③1900~1200cm^{-1}；对应双键伸缩振动区；④1450~670cm^{-1}，对应 X—Y 伸缩振动和 X—H 弯曲振动区。图 5-12 是 1－己烯的红外光谱图及其分区。Ⅰ区主要是 C—H 伸缩振动峰；Ⅱ区没有振动峰，说明没有三键或累积双键；Ⅲ区主要为 C＝C 的伸缩振动；Ⅳ区主要为 C—H 弯曲振动等。

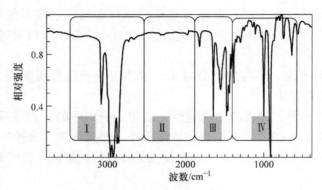

图 5-12　1－己烯的红外光谱图及其分区

（1）X—H 伸缩振动区（4000 ～2500cm^{-1}）　包括 O—H 伸缩振动，一般在 3650 ～3200cm^{-1} 范围内，主要归属于醇、酚或酸。在非极性溶剂中，浓度较小（稀溶液）时，峰形尖锐，峰较强；当浓度较大时，发生缔合作用，峰形较宽。该区域还包括 N—H 伸缩振动，一般在 3500 ～3100cm^{-1} 范围，N—H 伸缩振动峰比 O—H 伸缩振动峰稍弱、稍尖。O—H 和 N—H 伸缩振动峰受氢键影响大，氢键使峰向低波数方向移动。图 5-13 中峰 1 即是正丁醇的 O—H 伸缩振动峰，也即是羟基伸缩振动峰，该峰很强。

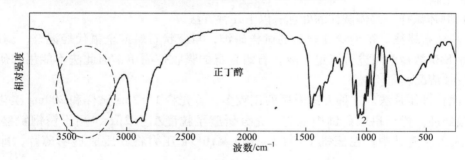

图 5-13　正丁醇的红外光谱

饱和碳原子上的 C—H 一般分属于甲基、亚甲基和次甲基等基团。甲基 C—H 反对称伸缩振动峰在 2960cm^{-1} 附近，对称伸缩振动峰的波数稍低；亚甲基和次甲基的 C—H 伸缩振动峰的波数相对较低。饱和碳原子上的 C—H 伸缩振动峰波数一般在 3000cm^{-1} 以下。不饱和碳原子上的 C—H 伸缩振动峰波数一般在 3000cm^{-1} 以上。由 C—H 伸缩振动峰可以判断物质分子是否含有脂肪链和苯环。

（2）三键伸缩振动区（2500 ～ 1900cm^{-1}）　在该区域出现的峰波数较少。RC≡CH 的伸缩振动峰波数为 2140 ～2110cm^{-1}；$R_1C≡CR_2$ 的伸缩振动峰波数为 2260 ～2190cm^{-1}，如果取代基 $R_1＝R_2$，则无红外活性。RC≡N 的伸缩振动峰波数在 2140 ～2100cm^{-1}，非共轭时波数为 2260 ～2240cm^{-1}，共轭时波数为 2230 ～2220cm^{-1}；仅含 C、H、N 时，峰较强且

尖锐；有 O 原子存在时，O 越靠近 C≡N，峰越弱。

（3）双键伸缩振动区（1900～1450cm^{-1}） 常见的有 C＝C，两个碳原子分别连接不同的取代基 R_1 和 R_2 时，其振动峰在 1680～1620cm^{-1}。图 5-14 中 1-己烯的 C＝C 特征峰在 1625cm^{-1} 处，该峰相对较弱。如果两个碳原子上连接的取代基相同，则该 C＝C 无红外活性。单核芳烃上的 C＝C 伸缩振动在稍低的波数处，主要位于 1600～1500cm^{-1}，一般有两个峰，为芳环骨架结构的特征峰。

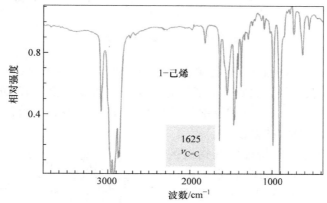

图 5-14 1-己烯的红外光谱

苯有不同的取代衍生物，如何判断取代基的数量和位置呢？可以仔细观察 2000～1650cm^{-1} 的吸收峰（见图 5-15），在该区域，苯衍生物会出现 C—H 和 C＝C 的面内弯曲振动的泛频吸收，虽然强度较弱，但还是可用来判断取代基的数量和位置。比如单取代苯在 1935cm^{-1}、1854cm^{-1}、1782cm^{-1} 和 1658cm^{-1} 处有 4 个特征峰，间位二取代苯在 1898cm^{-1}、1818cm^{-1}、1730cm^{-1} 和 1694cm^{-1} 处也有 4 个特征峰，而 2,4,6-三取代苯在 1709cm^{-1} 处有一个稍强的特征峰。根据这些较弱的特征峰，基本上可以判断苯环上取代基的数量和位置。

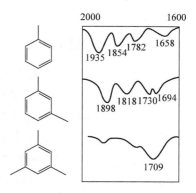

图 5-15 苯衍生物的红外光谱

除了 C＝C 外，还有一类重要的双键，即羰基 C＝O。C＝O 的伸缩振动峰一般在 1850～1600cm^{-1} 处。与 C＝C 不同的是，C＝O 的特征峰强度大、峰尖锐。C＝O 的伸缩振动峰位置受邻近基团影响较大，比如醛羰基在 1715cm^{-1} 处，酯羰基要在稍高波数处，一般在 1750～1725cm^{-1} 处，而酰胺中的羰基在稍低波数处；羧酸由于氢键作用，形成二分子缔合体，其羰基特征峰在更高的波数处。特别地，酸酐会在 1820～1750cm^{-1} 处，出现双吸收峰，这主要是由于两个羰基振动耦合分裂。图 5-16 是 3-戊酮的红外光谱，其中在 1700cm^{-1} 附近出现了一个非常强且很尖锐的羰基特征峰。饱和醛（酮）的羰基特征峰一般在 1740～1700cm^{-1} 处，峰很强且尖；不饱和醛（酮）的碳基特征峰向低波数移动。

（4）弯曲振动区（1450cm^{-1} 以下） 该区域为指纹区，峰较复杂，反映了骨架振动，可以实现精细结构的区分和顺反结构的区分。其中，1300～900cm^{-1} 主要为 C—O、C—N、

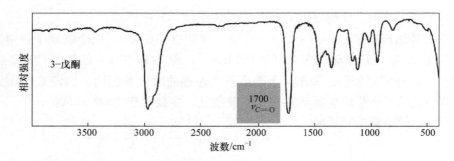

图 5-16　3－戊酮的红外光谱

C—F、C—P、C—S、P—O 和 Si—O 等单键的伸缩振动区，以及 C＝S、S＝O、P＝O 等双键的伸缩振动及变形振动区。比如：甲基的对称变形振动峰一般在 1380cm⁻¹ 处，该峰较明显，可以判断甲基的存在。C—O 的伸缩振动峰在 1300 ~ 1000cm⁻¹ 范围内，该峰在该区最强，易识别，可以判断醚键的存在。

红外光谱可以分为基团特征区和指纹区（见图 5-17），基团特征区的峰较强、较明显，指纹区的峰较多、较精细。两个区域的峰结合起来分析，基本可以判断材料的化学组成结构。

四、红外光谱图解析

红外光谱图解析是指从红外光谱的三要素即谱峰位置、形状和强度来解析，可以应用于有机高分子等材料的化学组成和结构分析。其中，定性分析可以基于基团的特征吸

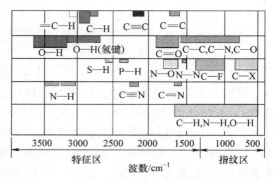

图 5-17　常见基团的红外吸收带

收频率，定量分析基于特征峰的强度。红外光谱在有机小分子分析检测方面应用十分广泛。甲醇分子的结构模型如图 5-18 所示。

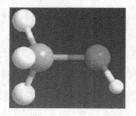

图 5-18　甲醇分子的结构模型

33. 甲醇的分子振动及红外光谱峰的归属

红外光谱在有机高分子材料研究中是一种常用的检测手段，目前较普遍的应用有下述几个方面。

（1）分析与鉴别有机高分子材料　表 5-3 是高分子材料红外光谱图的分类。将高分子材料的红外光谱分为 6 个区。其中，Ⅰ区（1800 ~ 1700cm⁻¹）为含酯、羧酸和酰亚胺等基团；Ⅱ区（1700 ~ 1500cm⁻¹）含有聚酰亚胺和聚脲的特征峰；Ⅲ区（1500 ~ 1300cm⁻¹）主

要为饱和线型脂肪族聚烯烃和一些有极性取代基的聚烃类的特征峰；Ⅳ区（1300 ~ 1200cm^{-1}）归属于芳香族聚醚、聚砜和一些含氯的高分子特征峰；Ⅴ区（1200 ~ 1000cm^{-1}）归属于脂肪族聚醚、醇类和含硅、含氟的高分子的特征峰；Ⅵ区（1000 ~ 600cm^{-1}）归属于含取代苯、不饱和双键和一些含氯的高分子。根据该表，基本上能根据红外光谱图判别高分子的类别。

表5-3   高分子材料红外光谱图的分类

	波数范围/cm^{-1}	有最强谱带的高分子材料
Ⅰ区	1800 ~ 1700	含酯、羧酸、酰亚胺等基团
Ⅱ区	1700 ~ 1500	含聚酰亚胺、聚脲等的特征峰
Ⅲ区	1500 ~ 1300	饱和线型脂肪族聚烯烃和一些有极性取代基的聚烃类
Ⅳ区	1300 ~ 1200	芳香族聚醚、聚砜和一些含氯的高分子
Ⅴ区	1200 ~ 1000	脂肪族聚醚、醇类和含硅、含氟的高分子
Ⅵ区	1000 ~ 600	含取代苯、不饱和双键和一些含氯的高分子

下面具体分析常见高分子材料的红外光谱。聚乙烯是第一大高分子材料，其分子链上主要为亚甲基，其红外光谱如图5-19所示。2927cm^{-1}和2852cm^{-1}处分别为亚甲基C—H的不对称和对称伸缩振动峰，1473cm^{-1}和1464cm^{-1}处分别为亚甲基C—H的不对称和对称弯曲振动峰，731cm^{-1}和719cm^{-1}处分别为亚甲基C—H的不对称和对称摇摆振动峰。其中，相比于不对称振动峰，对应的对称振动峰稍强且峰位的波数稍低。

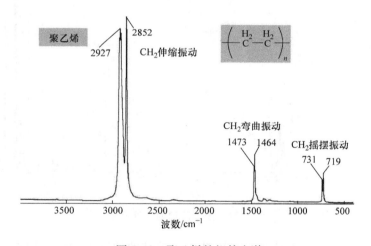

图5-19   聚乙烯的红外光谱

图5-20所示为等规聚丙烯的红外光谱。2951cm^{-1}和2918cm^{-1}处分别为甲基C—H的不对称和对称伸缩振动峰，2868cm^{-1}和2839cm^{-1}处分别为亚甲基C—H的不对称和对称伸缩振动峰，次甲基C—H伸缩振动峰较弱，被掩盖。1456cm^{-1}和1375cm^{-1}处分别为甲基C—H的不对称和对称弯曲振动峰，1167cm^{-1}、997cm^{-1}、972cm^{-1}和841cm^{-1}处的峰与结晶有关。

图5-21中3000cm^{-1}以上的峰是苯环上C—H振动峰，2924cm^{-1}和2849cm^{-1}处是甲基

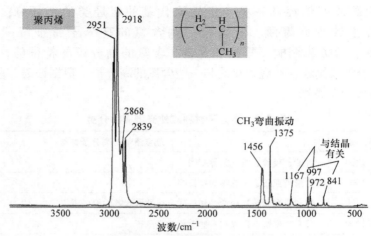

图 5-20　聚丙烯的红外光谱

和亚甲基的 C—H 伸缩振动峰，$1601cm^{-1}$、$1583cm^{-1}$、$1493cm^{-1}$ 和 $1452cm^{-1}$ 处的 4 个峰为苯环的骨架振动，$756cm^{-1}$ 和 $696cm^{-1}$ 的振动峰为单取代苯环的特征峰。由此可以判断该聚合物是聚苯乙烯。

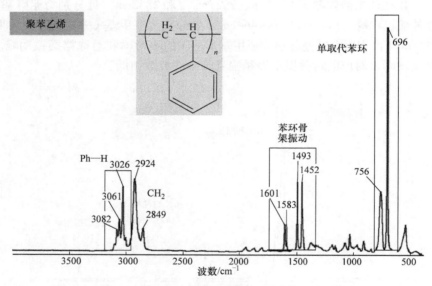

图 5-21　聚苯乙烯的红外光谱

图 5-22 中 $3000cm^{-1}$ 附近这些峰是甲基或亚甲基的伸缩振动峰；$1732cm^{-1}$ 处的强尖峰为酯羰基的伸缩振动峰；$1271cm^{-1}$、$1242cm^{-1}$、$1192cm^{-1}$ 和 $1149cm^{-1}$ 是酯基的特征峰；$1380cm^{-1}$ 处有甲基的变形振动峰。由此可以基本判定该聚合物是聚甲基丙烯酸甲酯。

图 5-23 所示为聚丙烯腈的红外光谱。$2243cm^{-1}$ 处的强尖峰是碳氮三键的伸缩振动峰，$3000cm^{-1}$ 附近的峰是亚甲基的碳氢伸缩振动峰，$1454cm^{-1}$ 处是亚甲基的弯曲振动峰。

图 5-24 所示为聚合物的红外光谱。$1728cm^{-1}$ 和 $1529cm^{-1}$ 处两个峰是氨酯键的特征峰，$2274cm^{-1}$ 处的峰是累积双键 NCO 的特征峰，$3334cm^{-1}$ 处是 N—H 的伸缩振动峰，$1105cm^{-1}$ 处是碳氧醚键的伸缩振动峰。由此可以判断该聚合物应该是聚氨酯。

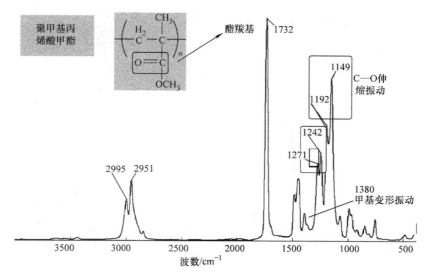

图 5-22　聚甲基丙烯酸甲酯的红外光谱

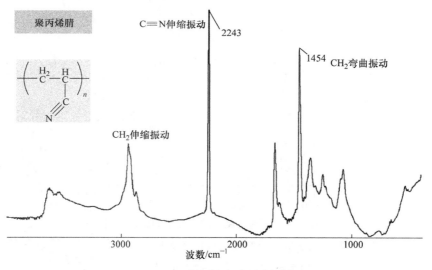

图 5-23　聚丙烯腈的红外光谱

（2）分析表征高分子材料的结构　根据红外光谱可以定性判断是何种高分子材料；同样，也可以定量计算高分子的支化度等结构参数。聚乙烯一般有 3 种不同类型，它们的红外光谱如图 5-25 所示。高密度聚乙烯（HDPE）几乎没有支链，即分子链几乎全是亚甲基，所以没有 $1377cm^{-1}$ 处甲基的特征峰。线性低密度聚乙烯（LLDPE）有少量支链，因此在 $1377cm^{-1}$ 处出现了甲基的特征峰。而低密度聚乙烯（LDPE）支链较多，甲基含量较高，$1377cm^{-1}$ 处甲基的特征峰较强。根据 $1377cm^{-1}$ 处甲基特征峰的强度，可定量计算甲基的含量。如结构式所示，每个支链末端均是甲基，即计算出甲基的含量就可以判断支链的数目，从而可以测定支化度。

红外光谱还可以用于聚合物立构规整性的测定。全同聚丙烯有两条构象规整性谱带，分别在 $975cm^{-1}$ 和 $998cm^{-1}$ 处（见图 5-26）。其中，$998cm^{-1}$ 处谱带与 11～13 个重复单元有关，

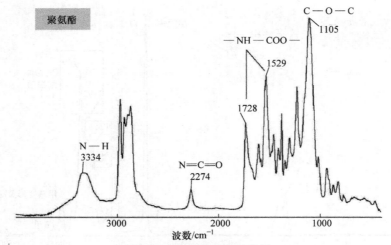

图 5-24 聚氨酯的红外光谱

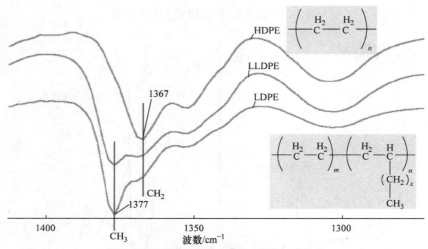

图 5-25 不同支化度的聚乙烯的红外光谱

受结晶的影响，常用来计算结晶度。$975cm^{-1}$ 处谱带与较短的重复单元有关，可用来测等规度。而 $1460cm^{-1}$ 处谱带强度不受等规度影响，用作内标。因此，等规度等于 $975cm^{-1}$ 处峰的吸光度除以 $1460cm^{-1}$ 处峰的吸光度再乘以系数 K。

（3）测定共聚物的组成　红外光谱还可以用于共聚物组成的测定。不同比例的甲基丙烯酸甲酯 MMA 和丙烯腈 AN 共聚，得到共聚物的红外光谱如图 5-27 所示。其中 $987cm^{-1}$ 处的峰不随单体配比而改变，可以作为内标；$2249cm^{-1}$ 处的峰为腈基碳氮三键的伸缩振动峰，随着丙烯腈单体比例的增加，该峰逐渐增强。根据该峰的强度可以测定丙烯腈单元的含量。

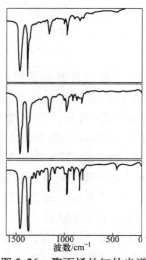

图 5-26 聚丙烯的红外光谱

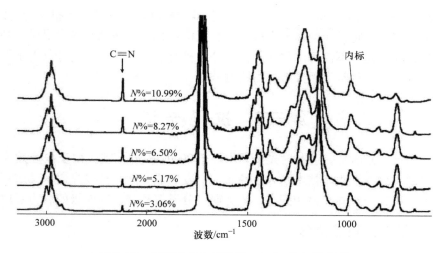

图 5-27　不同组成 P（MMA – AN）的红外光谱

（4）其他应用　红外光谱除了用于有机高分子材料的表征外，还可以用于无机矿物的鉴定。测得未知矿物的红外光谱后的解析过程通常包括 3 个步骤：首先应看最强谱带的频率位置，判断其可能属于何类矿物（如自然元素、氧化物、氢氧化物、卤化物、硫化物、CO_3^{2-}、SO_4^{2-}、PO_4^{3-}、SiO_4^{2-} 及 BO_3^{3-} 等）；然后看 3000cm^{-1} 以上的谱带，判断其属于含水矿物还是不含水矿物；再看其他谱带的频率，查找有关基团特征频率表，辨别这些谱带的归属。经过这 3 步，基本上能解析无机矿物的红外光谱。

假如有一个矿物样品，不知是硅酸盐还是磷酸盐且其结构都是聚合四面体结构，可以测试其红外光谱，主要看其在 500～400cm^{-1} 处是否有吸收峰，如有则为硅酸盐，如无则为磷酸盐。

红外光谱还可以用于矿物药材的鉴定。作为炉甘石的原料，过去认为是菱锌矿（$ZnCO_3$）。经过对我国几个产地的原料进行红外光谱分析证明，原料中不仅含有菱锌矿，还含有水锌矿[$Zn_5(CO_3)_2(OH)_6$]。有的样品以水锌矿为主。两种矿物的红外光谱如图 5-28 所示。根据红外光谱就可以鉴定药材的成分。

在本章引言部分曾经提出了光谱可以用于鉴定翡翠。

【思考】　由图 5-29 所示翡翠样品的红外光谱，判断该翡翠是真品还是赝品。

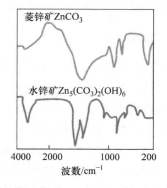

图 5-28　菱锌矿和水锌矿的红外光谱

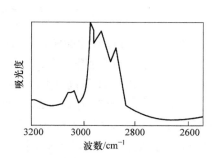

图 5-29　翡翠的红外光谱

因为该红外光谱在 $2900cm^{-1}$ 附近有饱和碳氢伸缩振动峰，这些是有机化合物的特征峰，说明该翡翠中含有有机物，而纯翡翠中应该只有无机化合物。这说明该翡翠样品是赝品。

由此可见，红外光谱不仅可以用于有机高分子材料的分析，而且还可以用于无机材料的鉴定，是材料领域的一种常见而又重要的检测方法。

第三节 拉 曼 光 谱

拉曼（Raman）光谱是一种散射光谱，出现于 20 世纪 30 年代。由于拉曼效应较弱，故其应用受到限制。后来把激光技术引入拉曼光谱，发展成为激光拉曼光谱，其应用才逐渐广泛起来。目前，将其与红外光谱相配合，成为研究分子振动和转动能级的有力手段。

一、拉曼散射及拉曼位移

当用频率为 ν_0 的光照射待测样品时，除部分光被吸收外，大部分光沿入射方向透过样品，还有小部分被散射掉。散射是光子与分子发生碰撞的结果，拉曼光谱就是研究分子和光相互作用所产生的散射光的频率。光与物质分子碰撞，会产生两种形式的散射，即瑞利（Rayleigh）散射和拉曼（Raman）散射。瑞利散射源于弹性碰撞，无能量交换，仅改变方向；拉曼散射发生非弹性碰撞，方向发生改变且有能量交换。图 5-30 左边是瑞利散射，物质分子吸收能量为 $h\nu_0$ 的光，从基态跃迁至激发虚态，然后又回复到以前的基态，释放的能量也为 $h\nu_0$，或者从振动激发态激发到激发虚态，而后再回复带振动激发带，也没有能量损失。图 5-30 右边对应拉曼散射，物质分子吸收能量为 $h\nu_0$ 的光，分别从基态和振动激发态跃迁至激发虚态，再分别回复到振动激发态和基态，释放的能量不再是 $h\nu_0$，能量损失了 $h\Delta\nu$ 或增加了 $h\Delta\nu$。

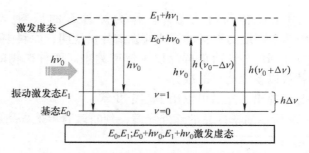

图 5-30 瑞利散射和拉曼散射的能量示意图

拉曼散射产生了两种跃迁能量差：第一种跃迁能量差 $\Delta E = h(\nu_0 - \Delta\nu)$，产生斯托克斯（Stokes）线，在低频处因为基态分子多，Stokes 线较强；第二种跃迁能量差 $\Delta E = h(\nu_0 + \Delta\nu)$，产生反 Stokes 线，在稍高频区，强度较弱。入射光的频率为 ν_0，Stokes 线的频率为 $\nu_0 - \Delta\nu$，反 Stokes 线的频率为 $\nu_0 + \Delta\nu$，即拉曼散射光与入射光的频率差为 $\Delta\nu$，这就是拉曼位移。如图 5-31 所示，左边是 Stokes 线，较强；右边是反 Stokes 线，相对较弱。

不同物质的拉曼位移 $\Delta\nu$ 不同。同一物质，拉曼位移 $\Delta\nu$ 与入射光频率无关，只与分子的能级结构有关；拉曼位移作为表征分子振-转能级的特征物理量，是进行定性与结构分析的依据；拉曼光谱同样作为分子振-转光谱，与红外光谱互补。

红外吸收要服从一定的选择定则，即分子振动时只有伴随分子偶极矩发生变化的振动才能产生红外吸收。同样，分子振动要产生拉曼位移也要服从一定的选择定则，也就是说，只有伴随分子极化度 α 发生变化的分子振动模式才具有拉曼活性，产生拉曼散射。极化度是指分子改变其电子云分布的难易程度，因此只有分子极化度发生变化的振动才能与入射光的电场 E 相互作用，产生诱导偶极矩 μ，即

$$\mu = \alpha E \qquad (5\text{-}13)$$

与红外光谱相似，拉曼散射谱线的强度与诱导偶极矩成正比。分子极化度越高，产生的诱导偶极矩越大，拉曼散射越强。

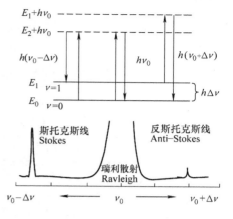

图 5-31　散射光谱图

二、拉曼光谱与红外光谱比较

虽然拉曼光谱和红外光谱都是分子振 – 转动光谱，所测定辐射光的波数范围也基本相同，红外光谱解析中的定性三要素（吸收频率、强度和峰形）对拉曼光谱解析也适用。但是，由于这两种光谱分析的原理不同，故所提供的信息自然是有差异的。拉曼光谱和红外光谱的差异见表 5-4。

表 5-4　拉曼光谱与红外光谱的比较

拉曼光谱	红外光谱
拉曼活性振动：非极性基团的振动和分子的全对称振动使分子极化率变化	红外活性振动：极性基团的振动和分子非对称振动使分子的偶极矩变化
适用于研究同种原子的非极性键，如 S—S、N≡N、C≡C、C≡C 等的振动	适用于研究不同种原子的极性键，如 C≡O、C—H、N—H、O—H 等的振动
适用于分子骨架测定	适用于基团测定
光谱范围 $40 \sim 4000 \text{cm}^{-1}$	光谱范围 $400 \sim 4000 \text{cm}^{-1}$
水可以作为溶剂	水不能作为溶剂
可以用玻璃容器测定	不能用玻璃容器测定
固体试样可直接测定	需要研磨制成 KBr 压片

下面再来看看这两种光谱在应用方面的区别。红外光谱适用于基团测定，拉曼光谱适用于分子骨架测定。图 5-32 所示为 2,3 – 二甲基 – 2 – 丁烯的红外光谱和拉曼光谱。红外光谱在 2900cm^{-1} 附近，有较强的甲基伸缩振动峰，在 1449cm^{-1} 和 1372cm^{-1} 处有甲基的弯曲振动峰，红外光谱主要体现了甲基的特征峰。而在拉曼光谱中，1675cm^{-1} 处有较明显的碳碳双键伸缩振动峰，在 693cm^{-1} 处有碳碳单键的伸缩振动峰，拉曼光谱主要体现了碳碳骨架结构特征。

图 5-33 所示为 1,2 – 二氯乙烯的红外光谱和拉曼光谱。碳碳双键对称伸缩振动在拉曼光谱的 1580cm^{-1} 处可见，而在红外光谱中不可见。而 1665cm^{-1} 处的碳碳双键不对称伸缩振

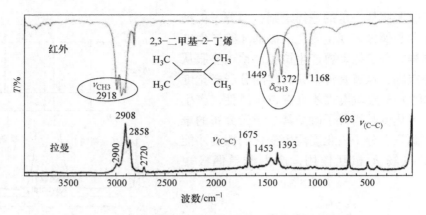

图 5-32　2,3－二甲基－2－丁烯的红外光谱和拉曼光谱

动峰，在红外光谱中可见，而在拉曼光谱中不可见。

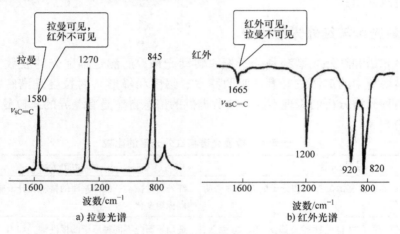

图 5-33　1,2－二氯乙烯的红外光谱和拉曼光谱

环己烷的红外光谱和拉曼光谱如图 5-34 所示。红外光谱中有亚甲基的碳氢伸缩振动峰和变形振动峰；而拉曼光谱中，还在 1029cm^{-1} 处有碳碳单键的伸缩振动，在 803cm^{-1} 处有环呼吸特征峰。由此可见，红外光谱可检测特征基团，拉曼光谱可测定分子骨架，两者可以互相补充。

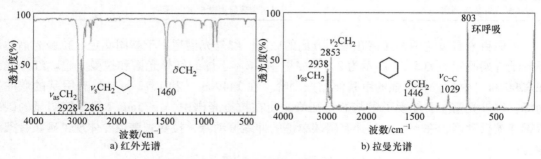

图 5-34　环己烷的红外光谱和拉曼光谱

三、拉曼光谱仪

拉曼光谱的测定离不开拉曼光谱仪，这里介绍两种常用的拉曼光谱仪。

（1）激光拉曼光谱仪　这种光谱仪采用的光源是激光光源，常用 He－Ne 激光器，发射的波长为 632.8nm；也使用氩原子激光器，发射的激光波长为 514.5nm 和 488nm。采用的单色器为光栅，一般为多单色器。检测器采用的是光电倍增管和光子计数器。由激光拉曼光谱仪工作示意图（见图 5-35）可见，激光光源发射的激光经过反射镜，再由发射透镜使激光聚焦在样品上，激光与样品相互作用而产生散射光，再经反射镜和收集透镜，使拉曼光聚焦在单色仪的入射狭缝，经过单色器和检测器，即可得到拉曼光谱。

（2）傅里叶变换－拉曼光谱仪　这种光谱仪采用的光源是钕－钇铝石榴石激光器，激光波长是 1.064μm，检测器是高灵敏的铟镓砷探头。图 5-36 所示为该光谱仪的光路。傅里叶变换－拉曼光谱仪具有避免荧光干扰、精度高、消除了瑞利谱线以及测量速度快等优点。

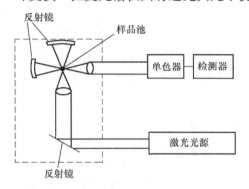

图 5-35　激光拉曼光谱仪工作示意图

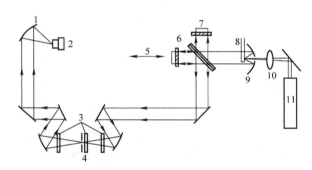

图 5-36　傅里叶变换－拉曼光谱仪的光路
1—聚焦镜　2—Ge 检测器（液氮冷却）　3—介电滤光器
4—空间滤光片　5—动镜　6—分束器　7—定镜
8—样品　9—抛物面汇聚镜　10—透镜　11—激光器

四、拉曼光谱图解析

（1）鉴定有机化合物　图 5-37 所示为苯甲醚的拉曼光谱，3080cm^{-1} 处是芳环碳氢伸缩振动峰，2935cm^{-1} 和 2837cm^{-1} 处是甲基碳氢伸缩振动峰，1600cm^{-1} 和 1587cm^{-1} 处是苯环碳碳双键伸缩振动峰，1000cm^{-1} 处是环呼吸特征峰，787cm^{-1} 处是环变形特征峰。1039cm^{-1} 和 1022cm^{-1} 处的峰较弱，是单取代苯的特征峰。

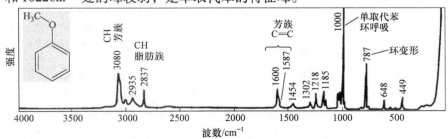

图 5-37　苯甲醚的拉曼光谱

（2）鉴定高分子材料　图5-38所示为纤维用高分子材料的拉曼光谱。2900cm^{-1}附近是碳氢伸缩振动峰，尼龙在3300cm^{-1}附近还有氨基伸缩振动峰；Kevlar合成纤维、聚苯乙烯和PET在1600cm^{-1}附近有较明显的苯环特征峰，大部分高分子材料在690cm^{-1}附近有碳碳单键的伸缩振动峰。

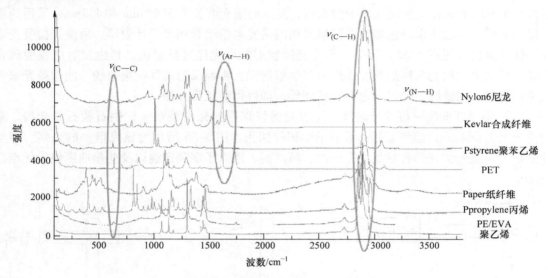

图5-38　纤维用高分子材料的拉曼光谱

（3）其他应用　拉曼光谱可用于水果表面残留农药的检测。图5-39所示为农药植保博士溶液和几种水果表面的拉曼光谱。除了水果原本的拉曼峰外，残留农药的拉曼峰也能清晰地显示出来。这表明，该方法检测水果表面残留农药是灵敏而适用的，并且可以从农药特征谱线和水果特征谱线的相对强度比定量地分析残留农药。

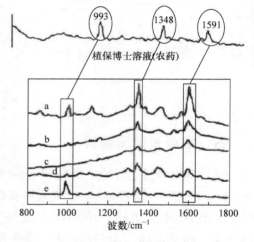

图5-39　几种水果表面的拉曼光谱
a—梨　b—猕猴桃　c—香蕉　d—苹果
e—没滴农药的猕猴桃

拉曼光谱可用于生物分子鉴定。蛋白质中的酪氨酸是埋藏在内还是暴露于外？如果酪氨酸是埋藏在内部，则它可与邻近基团形成氢键。此时，拉曼光谱上830cm^{-1}处的光谱峰较高（见图5-40）。反之，若酪氨酸暴露在蛋白质外部，则850cm^{-1}处的光谱峰较高。由拉曼光谱就可以鉴定生物分子的结构形态。

拉曼光谱还可以用于鉴定毒品的成分，例如，海洛因和罂粟碱的拉曼光谱存在明显不同（见图5-41）。另外，奶粉与洗衣粉的拉曼光谱也差别较大。虽然毒品、奶粉和洗衣粉都是白色粉末，根据拉曼光谱可以很简单地将它们鉴别出来。因此，拉曼光谱是进行毒品鉴定和假货鉴定时的一种简便方法。

此外，拉曼光谱还可以用来研发化妆品，如欧莱雅产品。由此可见，拉曼光谱可用于材料检测、生物检测、毒品检测、假货检测以及高端化妆品研发等诸多领域。

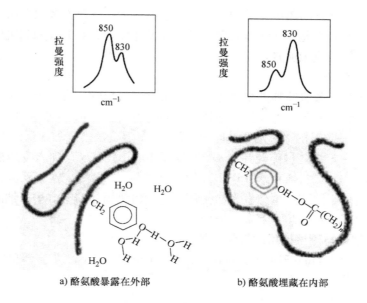

a) 酪氨酸暴露在外部　　　　　b) 酪氨酸埋藏在内部

图 5-40　蛋白质中酪氨酸的谱线强度随环境的变化

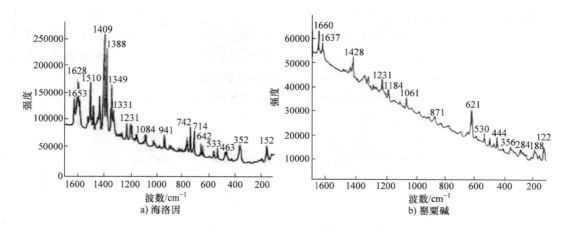

a) 海洛因　　　　　　　　　　b) 罂粟碱

图 5-41　海洛因和罂粟碱的拉曼光谱

第四节　光谱分析的案例解析

案例一　红外光谱鉴定含咔唑聚合物荧光微球

1. 材料应用背景

聚合物荧光微球具有荧光强度高、比表面积大、表面易功能化等优点，在标准计量、分析检测和生物医学等领域具有较高的研究和应用价值。咔唑作为一种蓝光发射材料，具有较好的光/热稳定性，并作为富氮极性单元构筑聚合物多孔材料，可以增加客体分子在孔道中的吸附力，可应用到气体分子的选择分离和吸附中。此外，咔唑具有含氮结构，容易被氧化，引入到共轭多孔聚合物膜中，可用于芳烃、金属离子、多巴胺和次氯酸等物质的高灵敏性、无标记荧光检测。因此，含咔唑共聚物微球在发光元件、荧光检测和气体分子的分离吸附等方面具有较广阔的应用前景。

2. 材料样品的制备

用无皂乳液聚合制备含咔唑共聚物微球。在带有氮气导管、机械搅拌和冷凝管的反应瓶中加入 80mL 蒸馏水，在 70℃下搅拌并通氮气 30min 除氧。将 8g 苯乙烯（St）、一定量甲基丙烯酸（MAA）和一定量的 N-乙烯基咔唑（NVCz）混合溶解，加入反应瓶中搅拌 15min，再将引发剂溶液（一定量的过硫酸钾（KPS）溶于 10mL 蒸馏水）加入反应瓶，继续搅拌反应。反应 2h 后，将 1g 二乙烯基苯（DVB）加入反应瓶。24h 后，停止反应，并将反应产物冷却至室温，通过离心沉淀—再分散多次循环，得到白色固体粉末。用石油醚做溶剂，将固体粉末索氏提取 48h，再在 80℃下真空干燥一天。

3. 测试仪器型号与测试使用的具体参数

红外光谱由美国 Thermo Fisher Scientific 公司生产的 Nicolet iS10 型傅里叶红外光谱仪测试，样品经 KBr 压片法进行制样。

4. 测试结果与分析

共聚物微球 n-PSCz-0 和 n-PSCz-4 的红外光谱如图 5-42 所示。1696cm^{-1}和 3450cm^{-1}处的峰分别为 MAA 单元中 C=O 和 O—H 的伸缩振动峰。1450~1600cm^{-1}和 700~755cm^{-1}范围内的峰为芳环中 C=C 和 C—H 振动峰。3000cm^{-1}附近的峰为—CH$_3$和—CH$_2$的对称和不对称伸缩振动峰。相比于 n-PSCz-0，n-PSCz-4 的红外光谱在 1321cm^{-1}处出现了咔唑中 C—N 特征吸收峰。由此可见，红外光谱证实了共聚物微球的化学组成。

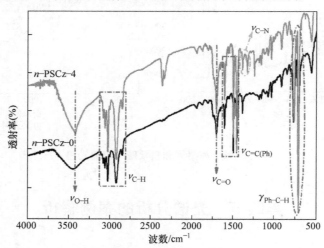

图 5-42　含咔唑共聚物微球 n-PSCz-0 和 n-PSCz-4 的红外光谱

n-PSCz-0—不含咔唑单元　n-PSCz-4—含咔唑单元

案例二　红外光谱鉴定近红外发光稀土聚合物

1. 材料应用背景

近红外发光稀土聚合物既有稀土荧光 Stoke 位移大、发射谱带窄和荧光寿命长等特征，也具有近红外光在生物体中吸收强度低、穿透深度大、透过率高和光谱干扰小等特性，而且还具有聚合物的制备简单、成本低廉、尺寸可控、易官能化等优点，在生物医学等领域具有较广泛的应用前景。

2. 材料样品的制备

（1）单体 ErQ₂（HEMA－CH₂－Q）的合成　将 1mmol ErCl₃ 用一定量的甲醇溶解，然后逐渐滴入到 2mmol 的 8－羟基喹啉（Q）甲醇溶液中，并加入适量的水，在 65℃下搅拌反应 12h。冷却至室温后，再加入适量的水，抽滤得到黄色粉末，并分别用水和冷甲醇洗涤 3 次。将黄色粉末用 10mL 四氢呋喃/乙醇（1:1）的混合溶剂溶解，并加入 1mmol HEMA－CH₂－Q，继续反应 24h。用三乙胺调节 pH 值至 7，浓缩后加入大量石油醚，有黄色沉淀析出。离心后抽滤，并分别用无水乙醇和石油醚洗涤 3 次。沉淀物真空干燥 24h。

（2）高分子铒络合物 PCzErQ₃ 的合成　分别称取一定量的 ErQ₂（HEMA－CH₂－Q）、N－乙烯基咔唑（NVK）和偶氮二异丁腈（AIBN）加入单口烧瓶中，抽真空—充氮气反复操作 3 次，除去反应瓶中的空气和水，然后用注射器抽取一定体积的无水四氢呋喃注入反应瓶。待反应物完全溶解后，在 60℃下反应 2 天。反应产物用四氢呋喃溶解过滤，滤液经浓缩后用大量甲醇沉淀，溶解—沉淀循环 3 次。得到的固态产物用索氏提取器抽提 2 天（丙酮为溶剂），然后在 70℃时真空干燥 1 天。单体 ErQ₂（HEMA－CH₂－Q）和高分子铒络合物 PCzErQ₃ 的化学结构式如图 5-43 所示。

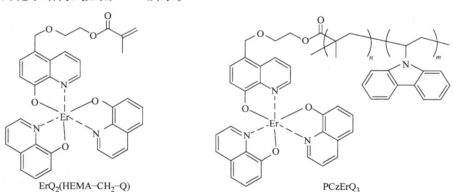

ErQ₂(HEMA–CH₂–Q)　　PCzErQ₃

图 5-43　单体 ErQ₂（HEMA－CH₂－Q）和高分子铒络合物 PCzErQ₃ 的化学结构式

3. 测试仪器型号与测试使用的具体参数

红外光谱由 Analect RFX－65A 型傅里叶红外光谱仪测试，样品采用 KBr 压片法进行制样。

4. 测试结果与分析

单体 ErQ₂（HEMA－CH₂－Q）和高分子铒络合物 PCzErQ₃ 的红外光谱如图 5-44 所示。单体的红外光谱中有 C＝O（1718cm⁻¹）、C＝C（1612cm⁻¹）和 Er－O（584cm⁻¹）等化学键的伸缩振动峰，说明目标单体 ErQ₂（HEMA－CH₂－Q）已成功制备。相对于单体的红外光谱，高分子铒络合物 PCzErQ₃ 的红外光谱在 721cm⁻¹ 和 746cm⁻¹ 处出现咔唑的特征峰，而 C＝C 键在 1612cm⁻¹ 的峰消失，均说明成功制备了高分子铒络合物。

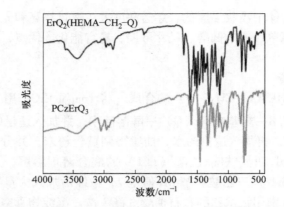

图 5-44　单体 ErQ_2（$HEMA-CH_2-Q$）和高分子铒络合物 $PCzErQ_3$ 的红外光谱

复习思考题

1. 阐述吸收光谱法、发射光谱法和散射光谱法的特点及应用。
2. 阐述红外光谱在无机材料和有机材料分析中的应用情况。
3. 与红外光谱相比，拉曼光谱有哪些优点？

第六章　无损探伤术

当您乘坐舒适的高铁时，您是否知道有一批技术人员常年在沿线铁轨上采用无损探伤技术检测轨道，确保高铁安全地运行。无损探伤是利用物质的声、光、磁和电等特性，在不损害或不影响被检测对象使用性能的前提下，检测被检对象中是否存在缺陷或不均匀性，并给出缺陷大小、位置、性质和数量等信息。

34. 行走在春运轨道上的"流动医生"

35. 一分钟了解 X 射线探伤机

第一节　超声波检测

超声波是指频率高于 20kHz，在弹性介质中传播的机械波。超声波具有方向性好、能量高、穿透能力强、对人体无害，以及能在界面上产生折射、反射和波形转换等特点。超声波检测是指利用超声波在物体中的传播、反射和衰减等物理性质对试件进行宏观缺陷检测、几何特性测量、组织结构和力学性能变化的检测及表征，进而对其特定应用进行评价的技术。

一、超声波检测物理基础

1. 超声波的发射与接收

超声波接收的基础是正压电效应，如图 6-1a 所示。压电晶体在外部拉力或压力的作用下，引起晶体内部原来重合的正负电荷中心发生相对位移，在相应表面上表现为符号相反的表面电荷，其电荷密度与应力成正比。由于超声波能在压电晶体上产生一定大小的声压，从而在压电晶体两端产生正比于声压的压电信号。超声波脉冲回波能在超声波传感器上产生相应的脉冲电压信号，压电晶体利用此原理可确定超声回波的大小。

超声波产生的基础是逆压电效应，如图 6-1b 所示。若对压电晶体沿着电轴向施加适当的交变信号，在电场作用下会引起压电晶体内部正负电荷中心位移，这一极化位移使材料内部产生应力，导致压电晶体产生交替的压缩和拉伸，从而产生振动。若把晶体耦合到弹性介质上，则晶体将成为一个超声源，将超声波辐射到弹性介质中去。超声波传感器就是利用压电晶体的逆压电效应将脉冲电压转换成超声波脉冲，从而构成超声波声源。

2. 超声波的分类

超声波在弹性介质中传播时，根据介质质点的振动方向与波的传播方向之间的关系，可将超声波分为以下 4 种波型。

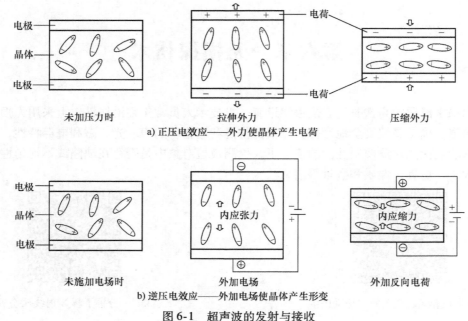

a) 正压电效应——外力使晶体产生电荷

b) 逆压电效应——外加电场使晶体产生形变

图6-1　超声波的发射与接收

（1）纵波　介质中质点的振动方向与波的传播方向相同的波称为纵波，用"L"表示，如图6-2所示。介质质点在交变拉压应力的作用下，质点之间产生相应的伸缩变形，从而形成纵波，故纵波也称为压缩波。纵波传播时，介质的质点疏密相间，故纵波又称为疏密波。因为弹性力是由于弹性介质体积发生变化而产生的，所以纵波在固体、液体和气体中均能传播。在工程上，纵波的产生和接收较容易，故得到广泛应用。

（2）横波　介质中质点的振动方向垂直于波的传播方向的波称为横波，用字母"S"或"T"表示，如图6-3所示。横波的形成是由于介质质点受到交变切应力时产生了切变形变，所以横波又称为切变波。由于液体和气体只具有体积弹性，而不具有剪切弹性，所以横波只能在固体中传播，不能在液体、气体中传播。

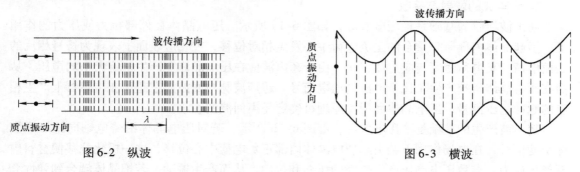

图6-2　纵波

图6-3　横波

（3）表面波　质点的振动介于纵波和横波之间，沿着固体表面传播，振幅随深度增加而迅速衰减的波称为表面波，常用字母"R"表示，如图6-4所示。表面波质点振动轨迹为椭圆。质点位移的长轴垂直于传播方向，短轴平行于传播方向。表面波用于表面波探伤法。

（4）板波（兰姆波）　这种波只产生在有一定厚度的薄板内，在板的两表面和中部都有质点的振动，声场遍布整个板的厚度，沿着板的两表面及中部传播，所以称为板波。如果

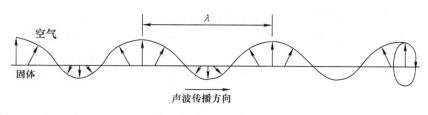

图6-4 表面波

两表面质点振动的相位相反，中部质点以纵波的形式振动则称为对称型（S型）板波，如图6-5a 所示。如果两表面质点振动的相位相同，中部质点以横波的形式振动，则称为非对称型（A型）板波，如图6-5b 所示。板波可检测板厚及分层、裂纹等缺陷，还可以检测材料的晶粒度和复合材料的黏合质量。

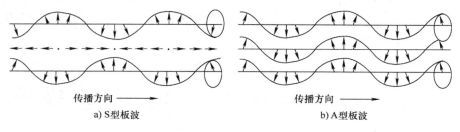

a) S型板波   b) A型板波

图6-5 板波

超声波的主要分类方法还有按波面的形状分类、按振动的持续时间分类等，如图6-6 所示。

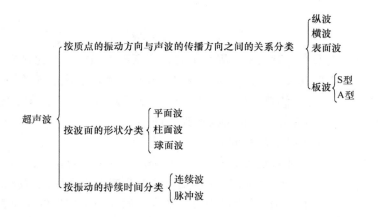

图6-6 超声波的分类

二、超声波在介质中的传播特性

超声波如果是在无限大的介质中传播，将一直向前传播，并不改变方向。但是，如果遇到异质界面（声阻抗差异较大的界面）就会产生反射和透射，一部分超声波在界面上被反射回第一介质，另一部分透过介质界面进入第二种介质中。

1. 超声波垂直入射到平面界面上的反射和透射

当超声波垂直入射到一个足够大的光滑平界面上时，会在第一介质中产生一个与入射波方向相反的反射波，在第二介质中产生一个与入射波方向相同的透射波。反射波与透射波的声压（或声强）按一定比例分配，由声压反射率（或声强反射率）和声压透射率（或声强透射率）来表示。

（1）声压反射率　声压反射率是指界面上的反射波的声压 p_r 与入射波的声压 p_0 的比值，用符号 r 来表示，即

$$r = \frac{p_r}{p_0} = \frac{Z_2 - Z_1}{Z_1 + Z_2} \tag{6-1}$$

式中　Z_1——介质 1 的声阻抗；

　　　　Z_2——介质 2 的声阻抗。

（2）声压透射率　声压透射率是指界面上的透射波的声压 p_t 与入射波的声压 p_0 的比值，用符号 t 来表示，即

$$t = \frac{p_t}{p_0} = \frac{2Z_2}{Z_1 + Z_2} \tag{6-2}$$

（3）声强反射率　声强反射率是指界面上的反射波的声强 I_r 与入射波的声强 I_0 的比值，用符号 R 表示，即

$$R = \frac{I_r}{I_0} = \left(\frac{Z_2 - Z_1}{Z_1 + Z_2}\right)^2 \tag{6-3}$$

（4）声强透射率　声强透射率是指界面上的透射波的声强 I_t 与入射波的声强 I_0 的比值，用符号 T 表示，即

$$T = \frac{I_t}{I_0} = \frac{4Z_1 Z_2}{(Z_1 + Z_2)^2} \tag{6-4}$$

以上公式说明声波垂直入射到平面界面上时，声压和声强的分配比例仅与界面两侧介质的声阻抗有关。当声波垂直入射时，介质两侧的声波必须满足下述边界条件。

1）一侧总声压等于另一侧总声压；否则界面两侧受力不等，将会发生界面运动。

2）两侧质点速度振幅相等，以保持波的连续性。

在实际检测中，会遇到以下几种情况。

1）当 $Z_1 = Z_2$ 时，不产生反射波，可以视为全透射，即 $p_0 = p_t$。

2）当 $Z_1 \approx Z_2$（反射率 $r < 0.0005$）时，则可认为基本上不产生反射波，即 $p_0 \approx p_t$。

3）当 $Z_1 > Z_2 (t > r)$ 时，超声波由声阻抗高的介质射向声阻抗低的介质，反射声压 p_r 与入射声压 p_0 符号相反，表示声波相位产生变化且透射声压小于反射声压，如图 6-7a 所示。

4）当 $Z_1 < Z_2 (t > 1)$ 时，超声波由声阻抗低的介质射向声阻抗高的介质，反射声压 p_r 与入射声压 p_0 符号相同，相位也相同，透射声压大于入射声压，如图 6-7b 所示。

超声波纵波垂直入射到单一平面界面上的声压、声强与其反射率、透射率的计算公式，同样适用于横波入射的情况。但在固 - 液、固 - 气界面上，横波将发生全反射，这是因为横波不能在液体和气体中传播。

2. 超声波倾斜入射到平界面上的反射和折射

在两种不同介质之间的界面上，声波传输的几何性质与其他任何一种波的传输性质相

同，即菲涅耳定律是有效的。不过声波与电磁波的反射和折射现象之间有所差异。当声波沿倾斜角到达固体介质表面时，由于介质的界面作用，将改变其传输模式（如从纵波转变为横波；反之亦然）。传输模式的变换还导致传输速度的变化，此时应以新的声波速度代入菲涅耳公式。

（1）菲涅耳定律　当超声波倾斜入射到界面时，除产生同种类型的反射波和折射波外，还会产生不同类型的反射波和折射波，这种现象称为波型转换，如图6-8所示。

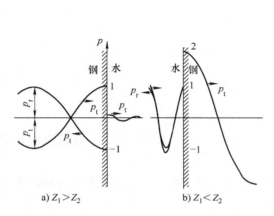

a) $Z_1 > Z_2$　　　　b) $Z_1 < Z_2$

图6-7　在水–钢界面上的反射声压和透射声压值

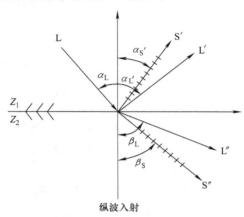

纵波入射

图6-8　倾斜入射

从图6-8可知，当超声纵波L倾斜入射到固–固界面时，除产生反射波L′和折射纵波L″外，还会产生反射横波S′和折射横波S″。各种反射波和折射波按几何光学原理符合反射、折射定律，即

$$\frac{\sin\alpha_L}{C_{L1}} = \frac{\sin\alpha'_L}{C_{L1}} = \frac{\sin\alpha'_S}{C_{S1}} = \frac{\sin\beta_L}{C_{L2}} = \frac{\sin\beta_S}{C_{S2}} \tag{6-5}$$

式中　C_{L1}，C_{S1}——第一介质中的纵波、横波波速；

C_{L2}，C_{S2}——第二介质中的纵波、横波波速；

α_L，α'_L——纵波入射角、反射角；

β_L，β_S——纵波、横波折射角；

α'_S——横波反射角。

（2）临界角

1）第一临界角 α_I。当 $C_{L2} > C_{L1}$ 时，$\beta_L > \alpha_L$，令 $\beta_L = 90°$，这时所对应的纵波入射角称为第一临界角，用 α_I 表示（见图6-9a），即

$$\alpha_I = \arcsin\frac{C_{L1}}{C_{L2}} \tag{6-6}$$

2）第二临界角 α_{II}。当 $C_{S2} > C_{L1}$ 时，$\beta_S > \alpha_L$，令 $\beta_S = 90°$，这时所对应的纵波入射角称为第二临界角，用 α_{II} 表示（见图6-9b），即

$$\alpha_{II} = \arcsin\frac{C_{L1}}{C_{S2}} \tag{6-7}$$

由 α_I 和 α_{II} 的定义可知以下几点。

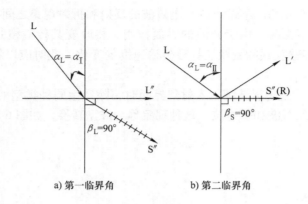

a) 第一临界角　　　　　　　b) 第二临界角

图6-9　临界角

① 当 $\alpha_L < \alpha_{\mathrm{I}}$ 时，介质2中既有折射纵波 L″ 又有折射横波 S″。

② 当 $\alpha_L = \alpha_{\mathrm{I}} \sim \alpha_{\mathrm{II}}$ 时，介质2中只有折射横波 S″，没有折射纵波 L″。这就是常用横波探头的制作原理。

③ 当 $\alpha_L > \alpha_{\mathrm{II}}$ 时，介质2中既无折射纵波 L″ 又无折射横波 S″。这时在其介质的表面存在表面波 R，这就是常用表面波探头的制作原理。

3. 超声波在传播过程中的衰减

超声波在介质中传播时，随着传播距离的增加能量逐渐减弱的现象叫作超声波的衰减。在传声介质中，单位距离内某一频率下声波能量的衰减值叫作该频率下该介质的衰减系数 a，单位为 dB/m 或 dB/cm。

引起衰减的原因主要有3个：一是声束的扩散；二是由于材料中的晶粒或其他微小颗粒引起声波的散射；三是介质的吸收。所以，超声波衰减分为扩散衰减、散射衰减和吸收衰减。

（1）扩散衰减　在声波的传播过程中，随着传播距离的增大，非平面声波的声束不断扩展增大，因此单位面积上的声能（或声压）随距离的增大而减弱，这种衰减称为扩散衰减。扩散衰减仅取决于波的几何形状而与传播介质的性质无关。平面波阵面为平面，波束不扩散，不存在扩散衰减。柱面波阵面为同轴圆柱面。波束向四周扩散，存在扩散衰减，声压与距离的平方根成反比。球面波阵面为同心球面，波束向四面八方扩散，存在扩散衰减，声压与距离成反比。

（2）散射衰减　由于实际材料不可能是绝对均匀的，如材料中有外来杂质、金属中的第二相析出、晶粒的任意取向等均会导致整个材料声阻抗不均匀，从而引起超声波的散射。被散射的超声波在介质中沿着复杂的路径传播下去，最终变成热能，这种衰减称为散射衰减。

例如，金属是小晶粒的集合体，随着晶粒方向的不同，在其中的声速也有所不同，所以当超声波射到各个晶粒时，会引起微小的散射。这些散射波在观测时就呈现为草状回波。此外，散射还造成被检物中超声波传播的衰减，从而减少多次反射的脉冲次数。

金属晶粒越大，这种衰减和草状回波越显著，引起信噪比（是指有用信号与无用噪声杂波之比）的下降，有时甚至完全不能出现缺陷回波。遇到这种情况可采用降低频率、使波长加大来改善信噪比，但用这种办法并不能完全解决问题。例如，18-8 不锈钢的铸件和焊缝、大型铸钢件等就是由于这种草状回波和衰减给探伤带来困难，甚至不能探伤。

（3）吸收衰减　超声波在介质中传播时，由于介质的黏滞性而造成质点之间的内摩擦，从而使一部分声能转变成热能。同时，由于介质的热传导，介质的稠密和稀疏部分之间进行热交换，从而导致声能的损耗以及由于分子弛豫造成的吸收，从而产生超声波能量减弱的现象，叫作超声波的吸收衰减。

固体介质中，吸收衰减相对于散射衰减几乎可忽略不计，但是，对于液体介质，吸收衰减是主要的衰减方式。在超声检测中，谈到超声波在材料中的衰减时，通常关心的是散射衰减和吸收衰减，而不包括扩散衰减。

三、超声波检测方法

超声波检测方法很多，各种方法的操作也不尽相同，但是，在探测条件、耦合与补偿、仪器的调节，以及缺陷的定位、定量、定性等方面却存在一些通用的技术问题，掌握这些通用技术对于发现缺陷并正确评价是很重要的。这里主要介绍按原理分类和按波型分类的检测方法。

1. 按原理分类的检测方法

按照检测原理，可将超声波检测分为反射型检测、透射型检测和共振型检测 3 种。

（1）反射型检测　超声波探头发射脉冲波到被检测工件内，根据反射波的情况来检测工件缺陷的方法，称为脉冲反射法。

反射型检测又包括缺陷回波法、底波高度法和多次底波法。

36. 超声波应用的两种类型

1）缺陷回波法。缺陷回波法是根据仪器示波屏上显示的缺陷波型进行判断的检测方法，是反射型检测的基本方法。

图 6-10 所示为缺陷回波法的基本原理。当工件完好时，超声波可顺利传播并到达底面，检测图形中只有发射脉冲 T 及底面回波 B 两个信号，如图 6-10a 所示。若工件中存在缺陷，在检测图形中，底面回波前有表示缺陷的回波 F，如图 6-10b 所示。

2）底波高度法。当工件材质和厚度不变时，底面回波的高度应基本不变；但是，如果工件内部存在缺陷，则底面回波的高度会下降甚至消失，如图 6-11 所示。依据底面回波高度的变化就可以判断工件内部的缺陷情况。

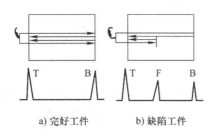

a) 完好工件　　b) 缺陷工件

图 6-10　缺陷回波法的基本原理

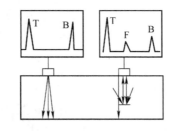

图 6-11　底波高度法的基本原理

底波高度法的优点是同样投影大小的缺陷可以得到同样的指示，而且不出现盲区。但是，在实施该方法时要求被检测工件的探测面与底面平行，耦合条件一致。由于该方法检出缺陷的定位、定量不便，灵敏度也较低，因此，很少作为一种独立的检测方法，而经常作为一种辅助手段，配合缺陷回波法发现某些倾斜或小而密集的缺陷。

3）多次底波法。当透入工件的超声波能量较大，而工件厚度较小时，超声波在探测面与底面之间往复传播多次，示波屏上则出现多次底波 B_1、B_2、B_3、B_4，如图 6-12a 所示。如果工件存在缺陷，则由于缺陷反射以及散射而增加了声能的损耗，底面回波次数会减少，同时也打乱了各次底面回波高度依次衰减的规律，并显示出缺陷回波，如图 6-12b、c 所示。根据底面回波次数，就可以判断工件有无缺陷，这种检测方法就是多次底波法。

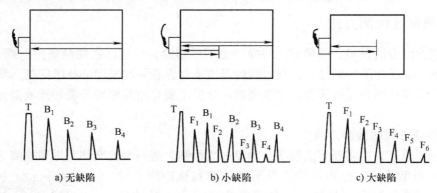

a) 无缺陷　　　　　b) 小缺陷　　　　　c) 大缺陷

图 6-12　多次底波法

多次底波法主要用于厚度不大、形状简单、探测面与底面平行的工件的检测，缺陷检出的灵敏度要低于缺陷回波法。

（2）透射型检测　透射型检测是依据脉冲波或连续波穿透工件之后的能量变化来判断缺陷情况的一种方法，如图 6-13 所示。

透射常采用两个探头，一个用于发射，一个用于接收，分置在工件两侧进行探测，图 6-13 上半部分为无缺陷时的波形，下半部分为有缺陷时的波型。

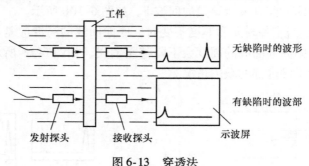

图 6-13　穿透法

（3）共振型检测　若声波（频率可调的连续波）在被检工件内传播，当工件厚度为超声波半波长的整数倍时，将引起共振，仪器显示出共振频率，用相邻的两个共振频率之差，根据式（6-8）可计算出工件的厚度，即

$$\delta = \frac{\lambda}{2} = \frac{c}{2f_0} = \frac{c}{2(f_m - f_{m-1})} \qquad (6\text{-}8)$$

式中　f_0——工件的固有频率；

$f_m - f_{m-1}$——相邻两共振频率之差；

　　　　　c——被检工件的声速；

　　　　　λ——波长；

　　　　　δ——工件厚度。

　　当工件内部存在缺陷或工件厚度发生变化时，工件的共振频率将发生改变。依据工件的共振性，来判断缺陷情况和工件厚度变化情况的方法称为共振型检测，共振型检测常用于工件测厚。

2. 按波型分类的检测方法

　　根据检测采用的波型，可将超声波检测分为纵波法、横波法、表面波法和板波法等。

　　（1）纵波法　使用直探头发射纵波并进行检测的方法，称为纵波法。采用纵波法检测时，波束垂直入射至工件探测面，以不变的波型和方向透入工件，所以又称为垂直入射法，简称垂直法。垂直法（纵波法）又可分为单晶探头反射法、双晶探头反射法和穿透法，常用的是单晶探头反射法。垂直法主要用于铸造、锻压、轧材及其制品的检测，该法对与探测面平行的缺陷的检出效果最佳。

37. 纵波探伤

　　由于盲区和分辨力的限制，其中反射法只能发现工件内部离探测面一定距离以外的缺陷。

　　在同一介质中传播时，纵波速度大于其他波形的速度，穿透能力强，晶界反射或散射的敏感性较差，所以可探测工件的厚度是所有波型中最大的，而且可用于粗晶材料的检测。同时，由于垂直法检测时波型和传播方向保持不变，所以对缺陷进行定位比较方便。

　　（2）横波法　将纵波通过楔块、水等介质倾斜入射至工件探测面，利用波型转换得到横波进行检测的方法称为横波法。由于透入工件的横波束与探测面成锐角，所以又称为斜射法，如图6-14所示。

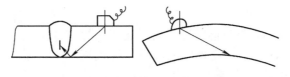

图6-14　横波法

　　横波法主要用于管材、焊缝等的检测。对于其他工件的检测，则经常作为一种有效的辅助手段，用以发现垂直检测法不易发现的缺陷。

　　（3）表面波法　使用表面波进行检测的方法称为表面波法。表面波法主要用于表面光滑工件的检测。

　　表面波的波长比横波波长还短，因此衰减也大于横波。同时，它仅沿表面传播，对于表面上的覆层、油污、不光洁等反应比较敏感，并被大量衰减。利用这一特点可以通过沾油的手在声束传播方向上进行触摸

38. 表面波探伤

并观察缺陷回波高度的变化，来对缺陷进行定位。

（4）板波法　使用板波进行检测的方法称为板波法。这种方法主要用于薄板、薄壁管等形状简单工件的检测。

采用板波法检测时，板波充塞于整个工件，可以发现其内部和表面缺陷。但是，检出灵敏度受到的限制比较多，不仅受到仪器工作条件的限制，还受到波型的限制。

四、超声波检测通用技术

1. 超声波探伤仪

超声波检测使用的主要设备是超声波探伤仪，包括探头、示波器、试块和耦合剂。超声波探伤仪的工作原理是先产生电振荡并加于换能器——探头、激励探头发射超声波，同时将探头送回的电信号进行放大，通过一定方式显示出来，从而得到被检工件内部有无缺陷及缺陷位置和大小的信息。

39. 超声波探伤仪培训教程

常见的超声波探伤仪有以下几种。

（1）按超声波的连续性分类

1）脉冲波探伤仪。这种仪器通过探头向工件周期性地发射不连续且频率不变的超声波，根据超声波的传播时间及幅度判断工件中缺陷的位置和大小，是目前使用最广泛的探伤仪。

2）连续波探伤仪。这种仪器通过探头向工件中发射连续且频率不变或在小范围内周期性变化的超声波，根据透过工件的超声波强度变化判断工件中有无缺陷及缺陷大小。这种仪器灵敏度低，且不能确定缺陷位置，因而大多已被脉冲波探伤仪所代替，但在超声显像及超声波共振测厚等方面仍有应用。

3）调频波探伤仪。这种仪器通过探头向工件中发射连续且频率呈周期性变化的超声波，根据发射波与反射波的差频变化情况判断工件中有无缺陷。调频式路轨探伤仪便采用这种原理。但由于该仪器只适宜检查与探测面平行的缺陷，所以这种仪器也大多被脉冲波探伤仪所代替。

（2）按缺陷显示方式分类

1）A型显示探伤仪。它是目前脉冲反射式超声波探伤仪最基本的一种显示方式，在荧光屏上以纵坐标代表反射波的幅度（接收声压），以横坐标代表超声波的传播时间，从缺陷波的幅度和位置来确定缺陷的大小和存在的位置，如图6-15所示。

2）B型显示探伤仪。显示试件纵断面的一个二维截面图，纵坐标代表探头移动扫查的位置坐标，横坐标是超声波传播的时间（或距离）。该方式可以直观地显示出被探工件任一纵截面上缺陷分布及缺陷深度等信息，如图6-16所示。

3）C型显示探伤仪。显示试件横断面的一个平面投影图，二维坐标对应探头的扫查位置。探头在每一位置

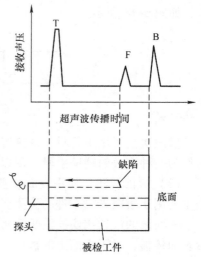

图6-15　A型显示探伤仪的工作原理

接收的信号幅度以光点辉度表示。该方式可形象地显示工件内部缺陷的平面投影图像，缺点是不能显示缺陷的深度，如图 6-17 所示。

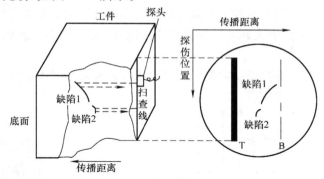

图 6-16 B 型显示探伤仪的工作原理

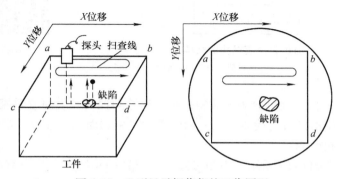

图 6-17 C 型显示探伤仪的工作原理

（3）按超声波的通道分类

1）单通道探伤仪。这种仪器由一个或一对探头单独工作，是目前超声波检测中应用最广泛的仪器。

2）多通道探伤仪。这种仪器由多个或多对探头交替工作，每一通道相当于一台单通道探伤仪，适用于自动化检测。

2. 探头

超声波探头是电 - 声换能器。超声波检测中，超声波的产生和接收过程是一种能量转换过程，这种转换是通过探头实现的，探头的作用就是将电能转换为超声能或将超声能转换为电能。探头是一种电 - 声能量转换器件。因此，探头也称为超声换能器或电 - 声换能器。

超声波检测中用来制作超声波探头的材料主要有石英、硫酸锂、碘酸锂、钛酸钡、钛酸铅和锆钛酸铅等。

超声波检测用的探头种类很多，根据波型不同分为纵波探头、横波探头、表面波探头和板波探头；根据晶片数不同分为单晶探头、双晶探头等。下面介绍几种常用的典型探头。

40. 超声波探头

（1）直探头（纵波探头） 直探头用于发射和接收纵波，故又称为纵波探头。直探头主要用于探测与探测面平行的缺陷，如板材、锻件检测。直探头的结构如图 6-18 所示，主要由压电晶片、保护膜、吸收块、电缆线、接口和外壳等部分组成。

　　吸收块的作用是支撑晶片的背衬吸收晶片背面的反射波，抑制杂波吸收晶片的振动能量，缩短晶片振动时间，使晶片被发射脉冲激励后很快停下来。要求其材料的声阻抗与晶片相等，且超声波衰减系数越大越好。一般选用钨粉加酚醛树脂，或钨粉加氧化铅加酚醛树脂。

　　保护膜的作用是保护晶片不被磨损，同时要求与晶片黏结时不能有空气间隙或杂质，通常选用氧化铝膜、石英等陶瓷膜。

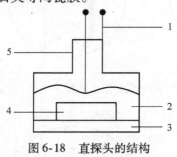

图 6-18　直探头的结构

1—电极　2—吸收块　3—保护膜　4—压电晶片　5—外壳

41. 斜探头探伤

　　（2）斜探头　斜探头又可分为纵波斜探头、横波斜探头和表面波斜探头。

　　横波斜探头利用横波进行检测，主要用于探测与探测面垂直或成一定角度的缺陷，如焊缝检测、汽轮机叶轮检测等。

　　斜探头的结构如图 6-19 所示。由图可知，横波斜探头实际上是由直探头加透声斜楔组成的，由于晶片不直接与工件接触，因此直探头不设保护膜。

　　透声斜楔的作用是实现波型的转换，使被检工件只存在折射横波。要求透声斜楔的纵波波速必须小于工件中的纵波波速，透声斜楔的衰减系数适当，且耐磨、易加工。一般透声斜楔用有机玻璃制成。斜楔前面开槽，可以减少反射杂波。还可将斜楔做成牛角形，使反射波进入牛角出不来，从而减少杂波。

　　（3）相机探头　超声波相机探头应用于超声波成像系统，与普通探头相比，多了一个分声镜装置，从而将反射波与透射波区分开来，排除了相互间的干扰，其结构如图 6-20 所示。

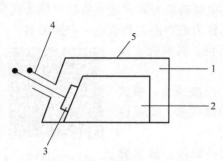

图 6-19　斜探头的结构

1—吸收块　2—透声斜楔　3—压电晶片

4—电极　5—外壳

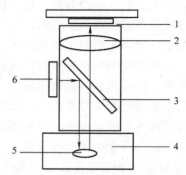

图 6-20　超声波相机探头的结构

1—超声传感器阵列　2—镜头　3—分声镜

4—被检目标　5—内部缺陷　6—超声发射传感器

（4）双晶探头 双晶探头又称为组合式或分割式探头。两块压电晶片安装在一个探头架内，一块晶片用于发射超声波，另一块晶片用于接收超声波，它们发射和接收的是纵波，其结构如图6-21所示。晶片下面的有机玻璃或环氧树脂延迟块使声波延迟一段时间后射入工件，从而可检测近表面存在的缺陷，减小了盲区，并可提高分辨力。两晶片之间用隔声层分开，晶片间的倾角通常为3°~18°。两晶片声场的重叠部分是检测灵敏度的最高区域，此区域一般呈菱形。

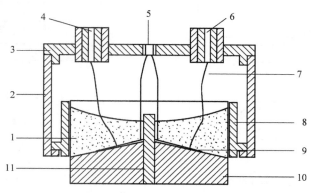

图6-21 双晶探头的结构

1—吸收块 2—金属壳 3—上盖 4—绝缘柱 5—接地点 6—接触座
7—导线 8—晶片座 9—晶片 10—延迟块 11—隔声层

（5）水浸探头 水浸探头可浸在水中检测，其结构与直探头相似，但不与工件相接触，不需要保护膜，其结构如图6-22所示。

3. 试块

试块是按照一定用途设计制作的具有简单几何形状的人工反射体的试样，通常称为试块。试块和仪器、探头一样，是超声波检测中的重要工具。

（1）试块的作用

1）确定检测灵敏度。超声波检测灵敏度太高时，杂波多，判断困难；太低时会引起漏检。因此，在超声波检测前，常用试块上某一特定的人工反射体来调整检测灵敏度。

2）测试仪器和探头的性能。测试超声波探伤仪和探头的一些重要性能，如垂直线性、水平线性、动态范围、灵敏度余量、分辨力、盲区、探头入射点和 K 值等。

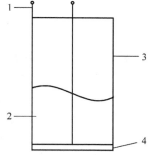

图6-22 水浸探头的结构

1—导线 2—吸收块
3—外壳 4—压电晶片

3）调整扫描速度。利用试块可以调整仪器示波屏上水平刻度值与实际声程之间的比例关系，即扫描速度，以便对缺陷进行定位。

4）评判缺陷的大小。利用某些试块绘出的距离-波幅当量曲线（实用AVG）给缺陷定量是目前常用的定量方法之一，特别是当量在3N以内的缺陷，采用试块法仍然是最有效的定量方法。

此外，还可利用试块来测量材料的声速和衰减性能等。

（2）试块的分类 标准试块是由权威机构制定的试块，试块的材质、形状、尺寸及表面状态都由权威部门统一规定，如我国的标准试块 CSK - Ⅰ（见图6-23）、国际标准试块 ⅡW（见图6-24）等。

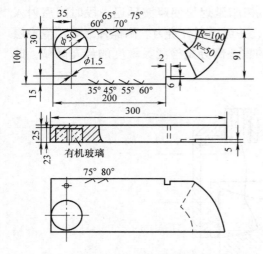

图 6-23　CSK - Ⅰ型国家标准试块

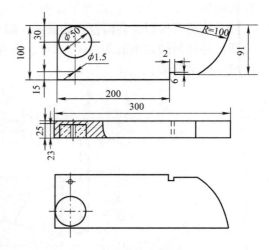

图 6-24　ⅡW型国际标准试块

按照试块上人工反射体的不同，试块可分为平底孔试块、横孔试块和槽形试块3种。

1）平底孔试块上加工有底面为平面的平底孔，如 CS - Ⅰ、CS - Ⅱ型试块。

2）横孔试块上加工有与探测面平行的长横孔或短横孔，如焊缝检测中CSK - ⅡA 型（长横孔）和 CSK - ⅢA 型（短横孔）试块。

3）槽形试块上加工有三角尖槽，如无缝钢管检测中所用的试块，在内、外圆表面上加工有三角尖槽。

4. 耦合

超声耦合是指超声波在探测面上的声强透射率，声强透射率越高，超声耦合性越好。

为了提高耦合效果，在探头与工件表面之间施加的一层透声介质称为耦合剂。耦合剂的作用在于排除探头与工件表面之间的空气，使超声波能有效地传入工件，达到检测的目的。此外，耦合剂还有减少摩擦的作用。

根据不同的耦合条件和耦合介质，探头与试件之间的耦合方式可分为直接接触法和液浸法。工件表面的状况、粗糙度以及耦合剂的种类等都将影响超声波的耦合效果。

五、超声波检测的应用与发展趋势

超声波检测是工业无损检测中应用最广泛的一种方法。就无损探伤而言，超声波法适用于各种尺寸的锻件、轧制件、焊缝和某些铸件，无论是黑色金属、有色金属还是非金属，都可以采用超声波法进行检验。各种机械零件、结构件、电站设备、船体、锅炉、压力和化工容器、非金属材料等，都可以用超声波进行有效的检测。有的采用手动方式，有的可采用自动化方式。就物理性能检测而言，用超声波法可以无损检测材料硬度、淬硬层深度、晶粒度、厚度、液位和流量、残余应力和胶结强度等。

随着计算机的普遍应用，超声检测仪器和检测方法都得到了迅速的发展，使超声检测的应用更为普及。目前，计算机在超声检测中已能够完成数据采集、信息处理、过程控制和记录存储等多种功能。许多超声波检测仪器都把计算机作为一个部件组装在一起去执行处理数据和图像的任务。一些全计算机对话式超声波探伤仪可在屏幕上同时显示回波曲线和检测数据，存储仪器调整状态、缺陷波型和各种操作功能；用打印机输出可供永久记录的各种数据和图形资料，并直接由计算机编制测试报告。

42. 超声波测厚测量原理　　43. 超声波液位测量　　44. 超声波流量测量

在冶金厂钢板、钢带、型材和管材的自动轧制生产线上，计算机对超声波检测进行自动化程序控制。它控制多通道超声波自动检测系统，能同时进行探伤和测厚，并根据制定的评判标准处理数据，做出关于缺陷长度、面积、位置和分布情况的报告，有的还应用了 B 扫描、C 扫描和图像识别技术，进一步分析缺陷的性质，并控制喷标装置动作，在缺陷处喷漆标记。

超声波检测是无损检测领域中应用和研究最活跃的方法之一。例如，用声速测定法评估灰铸铁的强度和石墨含量，用超声衰减和阻抗测定法确定材料的性能，用超声波衍射和临界角反射法检测材料的力学性能和表层深度，用棱边波法、表面波法和聚焦探头法对缺陷进行定量研究，用超声显像法和超声频谱分析法加速超声检测的进展和应用，用多频探头法对奥氏体不锈钢厚焊缝进行检测，用超声测定材料内应力进行研究，特殊波型如用管波模式检测管材，采用自适应网络对不同类型缺陷的波型特征进行识别和分类，用噪声信号超声检测法、超高频超声波检测法、宽频窄脉冲超声波检测法对新型声源进行研究，如用激光来激发和接收超声波的方法和各种新型超声波检测仪器的研究等，都是比较典型和集中的研究方向。

第二节　涡 流 检 测

利用电磁感应原理，通过测量被检工件内感应涡流的变化来无损地评定导电材料及其工件的某些性能，或发现缺陷的无损检测方法，称为涡流检测。涡流检测技术以其适用性较强、非接触耦合、检测装置轻便等优点在冶金、化工、电力、航空、航天、核工业等工业部门得到较广泛的应用。

一、涡流检测物理基础

1. 涡流检测概念

涡流检测是建立在电磁感应基础上的一种无损检测方法，通常由三部分组成，即交变电流的检测线圈（探头）、检测电流的仪器和被检工件。涡流检测的实质是检测线圈阻抗的变化。当检测线圈靠近被检工件时，其表面出现电磁涡流，该涡流同时产生一个与原磁场方向相反的磁场，部分抵消原磁场，导致检测线圈电阻和电感分量产生变化。若金属工件存在缺陷，就会改变涡流场的强度及分布，使线圈阻抗发生变化，通过检测这一变化即可发现有无缺陷。图 6-25 所示为金属试件中产生涡流的示意图。图 6-26 所示为涡流在被检工件上流动的示意图。垂直于涡流流向的裂纹阻挡了涡流的流动，使工件上反射磁场随之发生变化，进而可以探测出检测线圈的阻抗和电压；若裂纹走向与涡电流平行，缺陷不易被发现，因此一般涡流检测时必须从多个方向进行。

45. 铜管涡流探伤过程

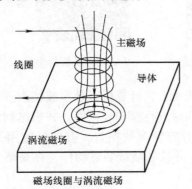

图 6-25　金属试件中产生涡流的示意图

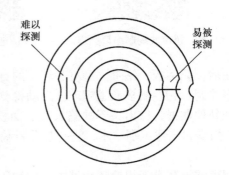

图 6-26　涡流在被检工件上流动的示意图

2. 趋肤效应和涡流渗透深度

当直流电流通过导线时，横截面上的电流密度是均匀、相同的。但如果是交变电流通过导线，导线周围变化的磁场也会在导线中产生感应电流，从而会使沿导线截面的电流分布不均匀，表面的电流密度较大，越往中心处越小，按负指数规律衰减，尤其是当频率较高时，电流几乎只在导线表面附近的薄层中流动。这种电流主要集中在导体表面附近的现象，称为趋肤效应。

涡流透入导体的距离称为透入深度。定义涡流密度衰减到其表面值 $1/e$ 时的透入深度称为标准透入深度，也称为趋肤深度，它表征涡流在导体中的趋肤程度，用符号 δ 表示，单位是 m。由半无限大导体中电磁场的麦克斯韦方程可以导出距离导体表面 x 深度处的涡流密度，即

$$I_x = I_0 e^{-\sqrt{\pi f \mu \sigma}x} \tag{6-9}$$

式中　I_0——半无限大导体表面的涡流密度（A）；

　　　　f——交流电流的频率（Hz）；

　　　　μ——材料的磁导率（H/m）；

　　　　σ——材料的电导率（S/m）。

则标准透入深度为

$$\delta = \frac{1}{\sqrt{\pi f \mu \sigma}} \tag{6-10}$$

从式（6-10）中可以看出，频率越高、导电性能越好或导磁性能越好的材料，趋肤效应越显著。图 6-27 所示为不同材料的标准透入深度与频率的关系，对于非铁磁性材料，有

$\mu \approx \mu_0 = 4\pi \times 10^{-7}\,\mathrm{H/m}$，可得标准透入深度为

$$\delta = \frac{503}{\sqrt{f\sigma}} \tag{6-11}$$

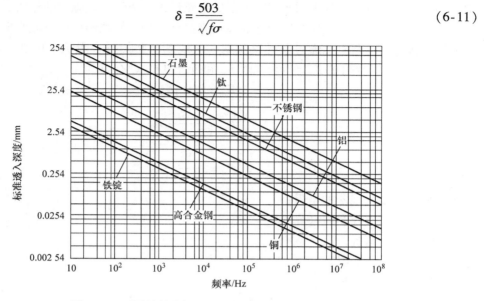

图 6-27　不同材料的标准透入深度与频率的关系

例如，$f = 50\mathrm{Hz}$ 时，退火铜（磁导率 $\sigma = 58 \times 10^6\mathrm{S/m}$）的透入深度为 $0.0093\mathrm{m}$；当频率 $f = 5 \times 10^{10}\mathrm{Hz}$ 时，透入深度为 $2.9 \times 10^{-7}\mathrm{m}$。

在实际工程应用中，标准透入深度 δ 是一个重要的数据，因为在 2.6 倍的标准透入深度处，涡流密度一般已经衰减了约 90%。工程中，通常定义 2.6 倍的标准透入深度为涡流的有效透入深度。其意义是将 2.6 倍标准透入深度范围内 90% 的涡流视为对涡流检测线产生有效影响，而在 2.6 倍标准透入深度以外的总量为 10% 的涡流对线圈产生的效应可以忽略不计。

二、涡流检测的阻抗

1. 线圈的阻抗

一个理想线圈的阻抗应该只有感抗部分，线圈的电阻应该为零，但实际上线圈是用金属导线绕制而成的，除了具有电感外，导线还有电阻，各匝线圈之间还有电容，所以一个线圈可以用一个由电阻、电感和电容串联的电路表示，一般忽略线圈匝间的分布电容，而用电阻和电感的串联电路来表示（见图 6-28），因而可用式（6-12）表示线圈的复阻抗，即

$$Z = R + jX = R + j\omega L \tag{6-12}$$

式中　R——电阻；

　　　X——电抗，$X = \omega L$；

　　　ω——角频率，$\omega = 2\pi f$。

图 6-28　单个线圈的等效电阻

在图 6-29a 所示的电路中，两个线圈相互耦合，并在一次线圈中通以交变电流 I_1，根据前面的分析可以将其等效为图 6-29b 所示的电路形式。由于电磁感应的作用，在二次线圈中会产生感应电流，产生的这个感应电流反过来又会影响一次线圈中的电流和电压，这种影响可以用二次线圈电路阻抗通过互感反映到一次线圈电路的折合阻抗来体现，其等效电路如图 6-29c 所示，折合阻抗 Z_e、折合电阻 R_e 和折合电抗 X_e 分别为

$$\begin{cases} Z_e = R_e + jX_e \\ R_e = \dfrac{X_M^2}{R_2^2 + X_2^2} R_2 \\ X_e = \dfrac{X_M^2}{R_2^2 + X_2^2} X_2 \end{cases} \tag{6-13}$$

式中　R_2——二次线圈的电阻；

　　　X_2——二次线圈的电抗，$X_2 = \omega L_2$；

　　　X_M——互感抗，$X_M = \omega M$；

　　　R_e——折合电阻；

　　　X_e——折合电抗。

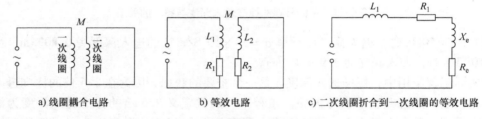

a) 线圈耦合电路　　　　b) 等效电路　　　　c) 二次线圈折合到一次线圈的等效电路

图 6-29　线圈耦合的等效电路

另外，将二次线圈的折合阻抗与一次线圈自身的阻抗相加得到的和称为视在阻抗 Z_S，即

$$\begin{cases} Z_S = R_S + X_S \\ R_S = R_1 + R_e \\ X_S = X_1 + X_e \end{cases} \tag{6-14}$$

式中　R_1——一次线圈的电阻；

　　　X_1——一次线圈的电抗，$X_1 = \omega L_1$；

　　　R_S——视在电阻；

　　　X_S——视在电抗。

这样，应用二次线圈折合到一次线圈后得到的视在阻抗的概念，就可以认为一次电路中电流和电压的变化是由于视在阻抗变化引起的，而根据视在阻抗的变化就可以知道二次线圈对一次线圈的效应，从而可以推知二次线圈电路中阻抗的变化。

如果把二次线圈电阻 R_2 由 ∞ 逐渐递减到 0，或者把二次线圈电抗 X_2 由 0 逐渐增大到 ∞，便可以得到一系列相对应的一次电路中视在电阻 R_S 和视在电抗 X_S 的值，再把这些值在以 R_S 为横轴、X_S 为纵轴的坐标平面内连接起来，便可以得到图 6-30 所示的一条半径为 $K^2 \omega L_1 / 2$ 的半圆形曲线，这个曲线就称为线圈的阻抗平面图，其中 $K = M / \sqrt{L_1 L_2}$ 为耦合系

数。从图 6-30 中可以看出，随着二次线圈电阻 R_2 由 ∞ 逐渐递减到 0，或者是二次线圈电抗 X_2 由 0 逐渐增大到 ∞，视在电抗 X_S 从 $X_1 = \omega L_1$，单调减小到 $X_1 = \omega L_1(1 - K^2)$，而视在电阻 R_S 从 R_1 开始增大，直至极大值点 $R_1 + K^2 \omega L_1/2$ 后，又逐渐减小返回到 R_1。

图 6-30 所示的阻抗平面图虽然比较直观，但是，在阻抗平面图上半圆形曲线的位置与一次线圈自身的阻抗以及两个线圈自身的电感和互感有关，另外半圆的半径不仅受到上述因素的影响，而且还随频率的不同而变化。这样，如果要对每个阻抗值不同的一次线圈的视在阻抗，或者是对频率不同的一次线圈的视在阻抗，或者是对两线圈间耦合系数不同的一次线圈的视在阻抗作出阻抗平面图，就会得到半径不同、位置不同的许多半圆曲线，这不仅给作图带来不便，而且也不便于对不同情况下的曲线进行比较。为了消除一次线圈阻抗以及激励频率对曲线位置的影响，便于对不同情况下曲线进行比较，通常采用阻抗归一化方法。

2. 阻抗归一化

如果把图 6-30 中的曲线向左移动 R_1 的距离（即坐标纵轴右移 R_1 的距离），并将新的曲线坐标值除以 X_1，也就是将横坐标和纵坐标由 R_S 和 X_S 变为 $(R_S - R_1)/\omega L_1$ 和 $X_S/\omega L_1$，这样得到图 6-31 所示的曲线。从图中可以看到，新的轨迹曲线还是半圆形状，其直径与纵轴重合，半圆的上端坐标为 $(0, 1)$，下端坐标为 $(0, 1 - K^2)$，半径为 $K^2/2$。该半圆形曲线的所有参数仅与耦合系数 K 有关，于是在新的坐标中，阻抗曲线仅仅取决于耦合系数 K，而与一次线圈电阻和激励频率无关，但是曲线上点的位置依然还是随 R_2（或 X_2）而变动。以上的处理方法就是归一化方法，图 6-31 就是经过归一化处理后的耦合线圈阻抗平面图。由图可见，经归一化处理后得到的阻抗平面图具有统一的形式，仅与耦合系数 K 有关，因而有着很强的可比性，具有以下特点。

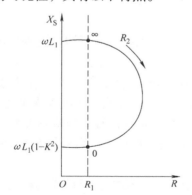

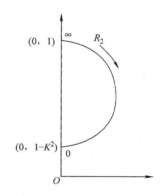

图 6-30 线圈耦合时一次线圈的视在阻抗平面图　　　图 6-31 归一化后的阻抗平面图

1）它消除了一次线圈电阻和电感的影响，具有通用性。

2）阻抗图的曲线以一系列影响阻抗的因素（如电导率、磁导率等）作参量。

3）阻抗图形定量地表示出各影响阻抗因素的效应大小和方向，为涡流检测时选择检验方法和条件，为减少各种效应的干扰提供了参考依据。

4）对于各种类型的工件和检测线圈，有各自对应的阻抗平面图。在实际涡流检测中，在载流激励线圈（一次线圈）的作用下，被测金属试件中由于电磁感应而感生的涡流宛若在多层密叠在一起的线圈中流过的电流，这就可以把被测试件看作一个与检测线圈交链的二次线圈。因此，从电路角度来看，涡流检测类似于线圈耦合回路的情形，上述的线圈耦合阻抗分析完全能类似地用于涡流检测中的线圈阻抗分析。

三、涡流检测的特点

根据前面的内容可知，涡流检测是以电磁感应原理为基础的一种常规无损检测方法，它适用于导电材料。在实际检测中，有着其自身特有的一些优势和不足之处。

1. 涡流检测的优点

1）检测时，线圈不需要接触工件，也无需耦合介质，所以检测速度比较快。对管材、棒材的检测，一般情况每分钟可检查几十米；对线材的检测，每分钟可检查几百米甚至更多。涡流检测易于实现现代化的自动检测，特别适合在线普查。

2）对工件表面或近表面的缺陷，有很高的检出灵敏度，而且在一定范围内具有良好的线性指示，可对大小不同的缺陷进行评价，所以可以用于质量控制与管理。

3）由于检查时无须接触工件又不用耦合介质，所以可在高温状态下进行检测。由于探头可以伸入到远处作业，所以可对工件的狭窄区域、深孔壁（包括管壁）等进行检测。

46. 超声波流量计

4）能测量金属覆盖层或非金属涂层的厚度。

5）除了能进行导电金属材料的检测外，还可以检验能感应涡流的非金属材料，如石墨等。

6）由于检测信号为电信号，所以可对检测结果进行数字化处理，并将处理后的结果进行存储、再现及进行数据比较和处理。

2. 涡流检测的缺点

1）涡流检测的对象必须是导电材料，而且由于电磁感应的原因，这种检测方法只适用于检测金属表面的缺陷，不适用于检测金属材料深层的内部缺陷。

2）金属表面感应的涡流渗透深度因频率不同而异，激励频率高时金属表面涡流密度大，检测灵敏度高，但涡流渗透深度低。随着激励频率的降低，涡流渗透深度不断增加，但表面涡流密度下降，检测灵敏度降低。所以，检测深度与表面损伤检测灵敏度是相互矛盾的，很难两全。当对两种材料进行涡流检测时，需要根据材质、表面状态、检验标准进行综合考虑，然后再确定检测方案与技术参数。

3）采用穿过式线圈进行涡流检测时，线圈覆盖的是管材、棒材或线材上一段长度的圆周，获得的信息是整个圆环上影响因素的累积结果，对缺陷所处圆周上的具体位置无法判定。

4）旋转探头式涡流检测方法可以准确地探出缺陷位置，灵敏度和分辨率也很高，但检测区域狭小，在检验材料需进行全面扫查时，检验速度较慢。

四、涡流检测装置

涡流检测仪器是涡流检测装置最核心的组成部分，根据应用目的的不同，涡流检测仪器可分为涡流探伤仪、涡流电导仪和涡流测厚仪3种类型。针对不同检测对象的应用，不仅各类涡流检测设备在构成完整的检测系统上有所不同，而且同类检测设备也会因检测对象不同而有所差异，特别是涡流探伤系统表现得尤为明显。一般而言，涡流检测装置包括检测仪器、检测线圈、辅助装置。虽然标准试样或对比试样不包括在检测装置中，但从实施涡流检测所必要的硬件条件及检测装置的调整与评价两方面考虑，将标准试样和对比试样列在本节加以叙述。

1. 检测仪器

涡流检测仪是涡流检测系统的核心部分。根据不同的检测对象和检测目的，研制出各种类型和用途的检测仪器。尽管各类仪器的电路组成和结构各不相同，但其工作原理和基本结构是相同的。

涡流检测仪器的基本原理如图 6-32 所示。振荡器产生的交变电流流过置于导电体上的线圈，在线圈周围形成交变磁场，并在导体表面产生涡流。当检测线圈位置发生变化时，由于线圈所处位置下面存在缺陷，导体形状、尺寸或材料电磁特性有所变化，都会引起涡流的大小发生改变，并通过二次磁场作用于检测线圈，使线圈阻抗发生变化，通过并联于检测线圈的电表可以显示出这一变化。

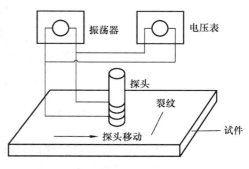

图 6-32　涡流检测仪器的基本原理

在大多数检测中，线圈的阻抗变化很小。例如，线圈经过缺陷时阻抗变化可能小于 1%，采用图 6-32 所示的检测装置很难检测到如此小的阻抗或电压的绝对变化，因此在涡流检测仪的设计制作中必须采用各种电桥、平衡电路和放大器等，以提取和放大线圈阻抗的变化。如图 6-33 所示，涡流检测仪主要包括振荡器、信号检出电路、放大器、信号处理器等。

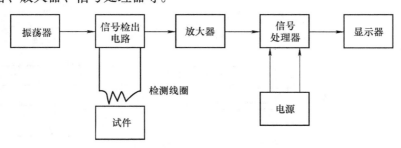

图 6-33　涡流检测仪基本组成框图

2. 涡流检测线圈

检测线圈通常又称为探头，它是用直径非常细的铜线按一定方式缠绕而成的，在通以交流电时能够产生交变磁场，并在与其接近的导电体中激励产生涡流；同时，电磁线圈还具有接收感应电流（即涡流）所产生的感应磁场，将感应磁场转换为交变电信号的功能，并将检测信号传输给检测仪器。检测线圈对缺陷的检测灵敏度及分辨率有很大的影响，是探伤设备的重要组成部分。

按照涡流检测的目的和技术要求的不同，可将检测线圈分为不同类型。按感应方式分为自感式线圈和互感式线圈；按应用方式分为放置式线圈、外通过式线圈和内穿过式线圈；按比较方式分为绝对式线圈、自比式线圈和他比式线圈。

（1）自感式线圈　由单个线圈构成，该线圈既产生激励磁场，又是感应、接收导体中涡流再生磁场信号的检测线圈，如图 6-34 所示。

（2）互感式线圈　一般由两个或两组线圈构成，一个是用于产生激励磁场、在导电体中形成涡流的激励线圈，另一个是感应、接收导电体中涡流再生磁场信号的检测线圈，如图 6-35 所示。

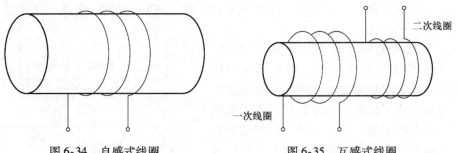

图 6-34　自感式线圈　　　　　　图 6-35　互感式线圈

（3）放置式线圈　放置式线圈的轴线在检测中垂直于被检测零件的表面，在线圈中可以附加铁心，具有增强磁场强度和聚集磁场的特性，具有较高的检测灵敏度，如图 6-36 所示。

（4）外通过式线圈　将工件插入并通过线圈内部进行检测，广泛用于管材、棒材、线材的在役涡流检测，如图 6-37 所示。

（5）内穿过式线圈　将其插入并通过被检管材内部进行检测，广泛用于管材和管道质量的在役涡流检测，如图 6-38 所示。

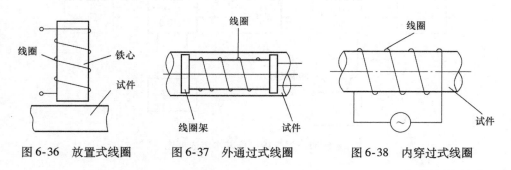

图 6-36　放置式线圈　　　图 6-37　外通过式线圈　　　图 6-38　内穿过式线圈

（6）绝对式线圈　由一个或两个线圈构成，仅针对被检测对象某一位置的电磁特性直接进行检测，而不与被检测对象的其他部位或对比试样某一部位的电磁特性进行比较，如图 6-39 所示。

（7）自比式线圈　由一个激励线圈和两个检测线圈构成，针对被检测对象两处相邻位置通过其自身电磁特性差异的比较进行检测，如图 6-40 所示。

（8）他比式线圈　针对被检测对象某一位置通过与另一对象电磁特性差异的比较进行检测，如图 6-41 所示。

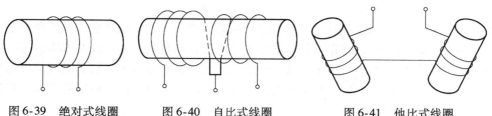

图 6-39 绝对式线圈   图 6-40 自比式线圈   图 6-41 他比式线圈

五、涡流检测的应用

1. 涡流探伤

涡流探伤能发现导电材料表面和近表面的缺陷，具有简便、无耦合剂、速度快、自动化程度高等优点，因此在金属材料及其零部件的探伤检测中得到了广泛的应用。

（1）金属管材探伤 用高速、自动化的涡流探伤装置可以对成批生产的金属管材进行无损检测。检测时管材从自动上料进给装置等速、同心地进入并通过涡流检测线圈，之后分选下料机构根据涡流检测结果，按质量标准的规定将经过探伤的管材分别送入合格品、次品和废品料槽。

用于管材探伤的检测线圈有很多种。小直径管材的探伤通常采用激励线圈与测量线圈分开的感应型穿过式线圈（见图 6-42）。当管材为非铁磁性材料时，外层还要加上磁饱和线圈，用直流电对管材进行磁化。这种线圈最适于检测凹坑、锻屑、发裂、折叠和裂纹等缺陷，检测速度一般为 0.5m/s。

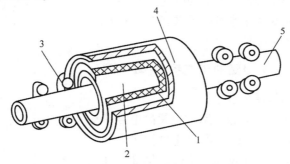

图 6-42 检测管材的穿过式线圈

1—激励线圈 2—测量线圈 3—V 形滚轮 4—磁饱和线圈 5—管材

穿过式线圈对管材表面和近表面的纵向裂纹有良好的检出灵敏度，但由于其感应出的涡流沿管材周向流动，故而不易检测出周向裂纹。另外，若管材直径过大，缺陷面积在整个被检面积中占比很小，则检测的灵敏度也会大大降低。为此，当检测管材的周向裂纹或管材的直径超过 75mm 时，宜采用多个小尺寸的探头式线圈（见图 6-43）进行探伤，以检测出管材上的短小缺陷。探头数量的多少取决于管径的大小，探头式线圈提高了检测灵敏度，但探伤效率低于穿过式

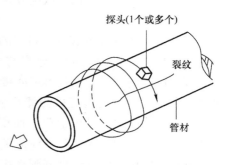

图 6-43 检测管材的探头式线圈

线圈。

管材的涡流检测探伤仪可对在役管道进行维修检查。例如，检查管式换热器中管子的腐蚀开裂或腐蚀减薄情况时，首先将外径略小于被检管件内径的内通式检测线圈放进一根与被检管件形式相同的校准管中，记录下该管件上人工缺陷显示信号的波幅，然后将该检测线圈送进待检管内直达其底部，再将其匀速拉出。若发现缺陷信号，即与校准管的人工缺陷信号比较，确定该缺陷的当量。

（2）金属棒材、线材和丝材的探伤　涡流检测可对大批量生产的棒材、线材和丝材进行探伤。为了检出棒材表面以下较深的缺陷，应选用比同直径的管材探伤低一些的工作频率，而进行金属丝材探伤需选用较高的频率，以获得适当的值。

（3）结构件疲劳裂纹探伤　服役中的结构件上可能产生各种缺陷，尤以疲劳裂纹居多。飞机维修部门常用涡流探伤的方法来检测这种危险缺陷，如使用专用探头式线圈对机翼大梁、衔条与机身框架连接的紧固件孔周围、发动机叶片、起落架、旋翼和轮毂等部位产生的疲劳裂纹进行检测，还可对飞机上容易产生疲劳裂纹的部位或重要的零部件实施实时监控，以保证飞机的安全。

47. 活塞杆旋转涡流检测系统

2. 材质检测

材料的电导率是影响检测线圈阻抗的重要因素，由式（6-12）及图6-44可知，材料电导率的改变将使检测线圈的阻抗值沿阻抗曲线的切向变化。而电导率受材料的成分、热处理状态等多种因素影响，据此可以用涡流法来评价材料的多种性能。

图中：$\eta = \left(\dfrac{d}{D_a}\right)^2$，$\eta$ 为线圈的填充系数；d 为导电圆柱外径；D_a 为检测线圈内径。

（1）材料成分及杂质含量的鉴别　金属的电导率随杂质含量的增加而降低，因此，可以通过测定电导率来估计金属中杂质的含量（见图6-45）。例如，通过测定电导率可以测定磷铜中磷的含量，而且从提取熔融样品到用涡流电导仪完成电导率的测量，只需要很短的时间。

（2）热处理状态的鉴别　材料的热处理状态直接与材料硬度相关。材料的电导率与其热处理状态有关，因此可以用测得的电导率来间接评定合金的热处理状态和硬度，如用涡流检测评价金属材料的强度、弹性模量、泊松比。飞机上广泛使用的 $TiAl_6V_4$ 钛合金的强度与电导率之间也存在对应关系，通过涡流法测定电导率即可评价其强度和弹性模量。因此，在航空工业中，涡流检测是保证飞机飞行安全的重要

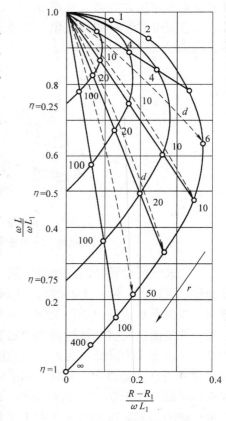

图6-44　不同填充系数线圈的阻抗图

手段。

3. 混料分选

如果混杂材料或零部件的电导率分布带不重合，就可以先利用涡流法测出混料的电导率，再与已知牌号或状态的材料和零部件的电导率相比较，从而将混料区分开。

用涡流测量电导率的方法进行混料分选，影响因素包括环境因素和工件自身因素。

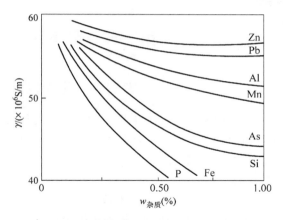

图 6-45 金属铜中杂质含量与电导率的关系

（1）环境温度的影响 金属的电导率随着温度的增高而降低，半导体的电导率随着温度的增高而增高。在一定温度范围内，电导率与温度为近似正比关系。

（2）材料厚度的影响 若材料的厚度不大于涡流的渗透深度，电导率的测量值就会受厚度变化的影响。进行混料分选时，一般要求材料厚度至少应为涡流渗透深度的 3 倍。

（3）材料表面状态的影响 表面曲率、粗糙率、涂层厚度和缺陷等因素都会影响电导率的测定结果，实际操作时需要将其排除。

磁性材料的磁特性相比电导率受材料材质变化的影响大得多。剩磁、矫顽力等物理量都与材料的组织成分、热处理状态和力学性能变化等材质的状态有关。利用这种相关关系，即可根据测得材料的磁滞回线参量来推断被检材料的热处理状态，进行混料分选。但是，由于这种方法的物理基础是电磁感应而非感应涡流，因此严格说来，应称为材质分选的电磁方法。某些钢种分选仪就是这种电磁感应式仪器。

4. 涡流测厚

用涡流方法可以测量金属基体上的涂覆层以及金属薄板的厚度。

（1）涂覆层厚度测量 涂覆层是指覆盖在金属材料表面上，满足防护、装饰等功能性要求的涂层、镀层或渗层，常见的基体与涂覆层材料的功能组合有以下几种。

1）绝缘材料/非磁性材料，如铝合金零件表面的阳极化覆膜、涂层等。

2）顺（抗）磁性材料，如顺磁性材料表面的铜、铬、锌镀层及奥氏体不锈钢表面的渗氮层。

3）绝缘材料或顺磁性材料/铁磁性材料，如钢表面的涂层、镀铬层等。

第 1）、2）种材料组合的涂覆层厚度常用涡流方法测定，第 3）种材料组合的覆膜厚度测定常用电磁感应方法，因为此时材料的磁响应远大于其涡流效应。

（2）金属薄板或箔厚度的测量 用涡流法测量金属薄板的厚度，设备简单、检测方便，并且板材越薄测量精度越高。

采用涡流法测量金属薄板的厚度时，检测线圈既可按反射工作方式布置在被检薄板的同一侧，也可按透射工作方式布置在其两侧，两种工作方式都是根据在测量线圈上测得的感应电压值推算金属薄板厚度的。

第三节　超声波探伤术的案例解析

案例一　压缩机旋转轮超声波探伤

在液浸探伤法中，水作为一种易获取的耦合剂得到了很好的应用。因此，水浸探伤法是液浸探伤中最常用的一种检测方法。下面通过一个铝压缩机旋转轮水浸探伤实例说明不同缺陷的水浸探伤波型显示。

1. 伪缺陷显示

水浸探伤中，始脉冲（由换能器激发）显示在最左边，接着是工件前表面的反射显示，当换能器沿轴方向移动时，折射声速恰好穿过 U 形槽的角并且产生伪缺陷波显示，如图6-46所示。

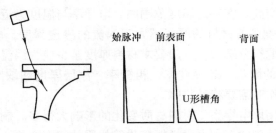

图 6-46　U 形槽的角产生的伪缺陷波

2. 裂纹显示

将换能器沿轴向方向向右移动，在遇到裂纹时产生反射，此时屏幕显示波型如图 6-47 所示。

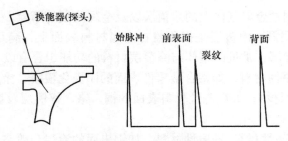

图 6-47　裂纹产生的缺陷波

3. 焊缝裂纹显示

图 6-48 所示为焊缝裂纹产生的缺陷波。在这个转轮中，锻造不锈钢周边焊接到锻造铁素轮毂上，即使采用先进的焊接技术，也有可能会在周边的热影响区中产生裂纹。因此，这些裂纹出现常常要求 100% 的检测。

4. 金属夹渣和偏析的显示

在热影响区中类似裂纹的平坦金属夹渣也给出与图6-48类似的显示。它们最常发现在边缘和远离焊缝的区域。

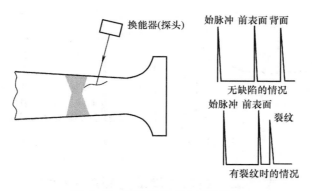

图 6-48　焊缝裂纹产生的缺陷波

5. 锻造迸裂的显示

锻造时存在由材料的破裂引起的不规则形状空洞、锻造迸裂是不合格的，它可能是以群体聚集且产生许多不同程度的波型幅度显示。夹渣的反射也可能是不同幅度但更可能是广泛的散射。图 6-49 显示来自外径表面和内径表面的反射以及常见的群集锻造迸裂反射。

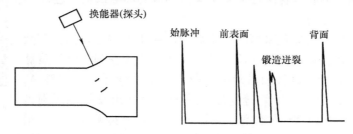

图 6-49　锻造迸裂产生的缺陷波

6. 表面倒外圆的伪缺陷显示

水浸探伤时，表面状况可能引起伪缺陷显示。避免伪缺陷显示的最好方法是对表面进行处理以完全避免超声波反射。但事实上，探伤表面的这些凹陷肉眼难以分辨。在这种情况下，这些凹陷会产生图 6-50 所示的伪缺陷波。

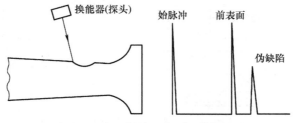

图 6-50　表面倒外圆产生的伪缺陷波

7. 热处理氧化皮的显示

热处理能产生薄的细微氧化皮或转轮表面的薄皮。这在接触法超声波探伤中就能产生混淆的超声波形显示。如果将探头直接放在转轮的表面氧化皮区域，扩大的氧化皮尺寸能更清楚地说明这一情况。图 6-51 所示为在表面有氧化皮情况下的水浸探伤波形显示。

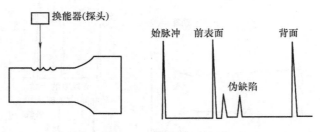

图 6-51　氧化皮产生的伪缺陷波

案例二　结构件焊缝的超声波检测

焊缝探伤主要用斜探头（横波），有时也可使用直探头（纵波）。探测频率通常为2.5～5MHz，探头角度的选择主要依据工件厚度。在缺陷定位计算中，可以使用探头折射角的正弦值和余弦值，也可使用正切值，它等于探头入射点至缺陷的水平距离与缺陷至工作表面垂直距离之比。一般来说，板材厚度较小时选用 K 值大的探头，板材厚度较大时选用 K 值小的探头。仪器灵敏度调整和探头性能测试应在相应的标准试块上进行。

1. 薄板对接焊缝探伤

利用横波多次反射的原理来探测整个焊缝区域中的缺陷，探测需要在焊缝两侧同时进行，以免漏检。探测前，先将探头放在与工件厚度相同的试块上，探头前沿与试块前沿对齐，荧光屏上出现板端反射波 A，然后向后移动探头，距离等于焊缝宽度，荧光屏上又出现板端反射波 B，用闸门波标出 A 波和 B 波的位置，如图 6-52 所示。探测时，探头沿焊缝边缘平行移动，如在 A、B 波之间出现反射波，一般为焊缝中的缺陷波。

48. 焊缝探伤教程

当板厚超过 10mm 时，为使声束扫查到整个焊缝宽度，还需要把探头放在距焊缝一定距离的地方，探头前端与焊缝边缘相距一个焊缝的宽度，如图 6-53 所示，得出板端反射的 C 波，探头从焊缝边缘后移一个焊缝宽度后扫查，如在 B、C 波之间出现反射波，一般为缺陷波。

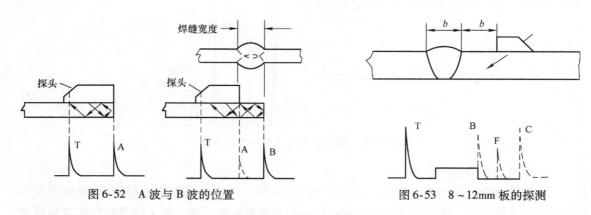

图 6-52　A 波与 B 波的位置　　　　　　图 6-53　8～12mm 板的探测

对于薄板还可用四探头法进行检测，即把两组探头连接固定，分别等距放在焊缝两侧，探测时沿焊缝同向移动。

2. 中板对接焊缝探伤

对于焊缝中的纵向缺陷，探头在离焊缝中心线半跨距（S/2）处探测时，可检测到焊缝根部缺陷。探头自 S/2 处向焊缝方向移动进行探测的方法，称为一次反射法，如图 6-54 所示。焊缝上半部的缺陷探测要采用二次反射法，如图 6-55 所示。这时探头在 S/2 ~ S 的范围内探测，可发现焊缝整个断面上的缺陷。为扩大探测范围，避免漏检，探头应自焊缝边缘到大于 S 的范围内移动，同时做 ±10° 的小角度摆动，并应从焊缝两侧分别进行检测。

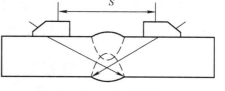

图 6-54　一次反射法

对于焊缝中的横向缺陷，如应力裂纹的探测，探头应与焊缝轴线成 ±10° 的夹角，并沿焊缝边缘移动，如图 6-56 所示。

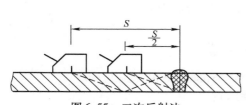

图 6-55　二次反射法

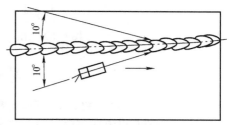

图 6-56　横向缺陷探伤

3. 厚板对接焊缝探伤

厚板对接焊缝探伤，应从焊缝两面和两侧进行，如图 6-57 所示。如果受条件限制，只能从一面或一侧探测，则可选用角度较大的探头，以减少未透声区域。厚板对接焊缝中心处的未焊透缺陷，可以使用距离固定的一组探头，一收一发进行探测，如图 6-58 所示，称双探头探测法。

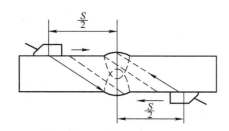

图 6-57　厚板对接焊缝探伤

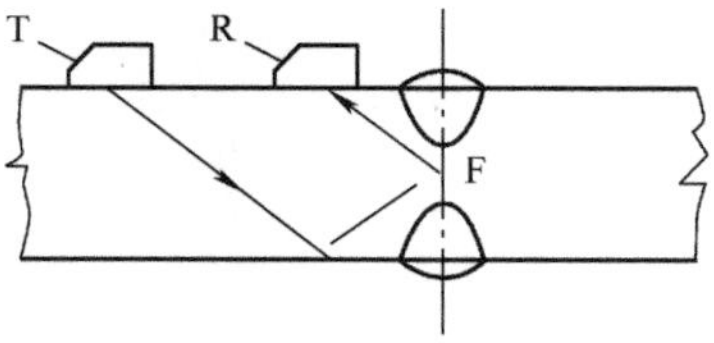

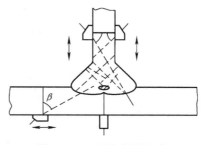

图 6-58　双探头探测法

4. 角焊缝探伤

对于 T 形角焊缝探伤，可分别用直探头和斜探头探测，探头位置如图 6-59 所示。

实际探测时，探头在面板上移动。当斜探头从一次声程 a 位置移到 b 位置时（见图 6-60），移动的距离等于腹板厚度 δ。在荧光屏上出现 A 波和 B 波。探头在焊缝中心线两侧分别从 a 移到 b 时，若

图 6-59　T 形角焊缝探伤

在 A、B 波之间出现反射波，一般为缺陷波。

用斜探头在面板上沿焊缝中心线移动时，可以探测横向缺陷。

对于接管焊缝的探伤方法，应视工件的几何形状而定，一般可用横波探测。但是，在条件允许的情况下，对危险性裂纹的探测，使用直探头纵波法效果可能更佳。

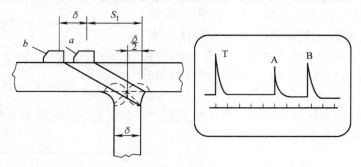

图 6-60　用一次声程探测 T 形角焊缝

复习思考题

1. 无损检测与其他检测方法相比具有哪些优势？为何能在航空业中广泛应用？
2. 阐述超声波脉冲反射法的优缺点，并列举其应用实例。
3. 阐述激励频率对涡流检测的影响，具体进行检测时如何选取合适的激励频率？

第七章　热分析术

热分析技术可用来研究物质的晶型转变、熔融、升华、吸附、脱水和分解等变化，对无机、有机及高分子材料的热性能方面，热分析技术是重要的测试手段。热分析技术不仅对物质进行定性、定量分析，还可以为新材料的开发提供热性能方面的指导。热分析技术在物理、化学、化工、冶金、地质、建材、陶瓷、燃料、轻纺、食品和生物化学等领域得到广泛应用。

第一节　热分析技术概况

一、热分析技术的发展

1887 年，法国物理化学家 Henry – Louis Le Chárlier 用铂 – 铂（10%）铑热电偶测定黏土矿物加热时在升 – 降温环境条件下，试样与环境温度的差别，观察是否发生吸热和放热反应，研究加热速率（dT/dt）随时间（t）的变化。这种测试方法测试的单点（环境温度），缺点是误差大，但是影响深远，Henry – Louis Le Chárlier 成为公认的差热分析的奠基人。

1899 年，英国人 Roberts – Austen 使用差示热电偶和参比物首次获得了真正意义上的差热分析（DTA），得到电解铁的差热分析（DTA）曲线。测试的两点温度，记录样品与参照物间存在的温度差，大大提高了测定灵敏度，成为差热分析（DTA）技术最早的原理模型。

1905 年，德国的 Tammann 教授提出热分析（Thermische Analyze）这一名词。但热分析技术发明的更早，热重法是所有热分析技术中发明最早的技术。1780 年，英国人 Higgins 在研究石灰黏结剂和生石灰的过程中第一次用天平测量了试样受热时所产生的重量变化。1782 年，英国人 Wedgwood 在研究黏土时测得了第一条热重曲线。

1915 年，日本人本多光太郎在分析天平的基础上，研制出第一台热天平，并使用了热天平（thermobalance）一词，测量温度与重量的关系。第一台商品化热天平是 1945 年在 Chevenard 等工作的基础上设计制造的。我国第一台商业热天平是 1960 年代初由北京光学仪器厂制造的。

1940 ~ 1960 年期间，热分析向自动化、定量化、微型化方向发展。

1964 年，美国人 Watson 和 O'Neill 在 DTA 技术的基础上提出差示扫描量热法（DSC）的原理及设计方案，这一技术被美国 Perkin – Elmer 公司所采用，率先研制了功率补偿式差示扫描量热仪（DSC – 1），测量温度与焓值或者热量的关系。

热分析的对象最初是研究黏土、矿物质、金属，之后发展到有机物、高聚物，进而发展到研究生物大分子（包括细胞、蛋白质等）。可测定的材料和体系非常广泛，包括金属、矿物、无机材料、配位化合物、有机物、高分子材料和生物医学材料等。最初采用的是手工测试，测量时间长，样品用量大、仪器灵敏度低、误差大；逐渐采用程控测试、自动化、高精度、微型化、大范围组合联用、复杂化。由于联用分析技术的商品化，热分析技术得到了显著进展，不仅扩大仪器的应用范围，节省测试时间和费用，更重要的是测试的准确性和可靠性得到显著提高。热分析联用技术分为同时联用（TGA – DTA）、耦合联用（DTA – MS、

TGA – MS）、间歇联用（TGA – GC）。

二、热分析的定义

热分析（Thermal analysis）广义上定义为分析物质的物质参数随温度变化的有关技术，狭义上定义为在程序控制温度条件下，测量物质的物理性质随温度变化的函数关系的一种技术。

程序控制温度，就是把温度看作时间的函数，即

$$T = \varphi\ (\tau) \tag{7-1}$$

式中　τ——时间。

物质的物理性质的变化，即状态的变化，总是用温度 T 这个状态函数来量度的。数学表达式为

$$F = f(T) \tag{7-2}$$

式中　F——物理量；

　　　T——物质的温度。

将式（7-1）代入（7-2）中，得

$$F = f(T) = f'(\tau) \tag{7-3}$$

国际热分析协会（ICTA）的早期对热分析的定义为"测量物质任何物理性质参数与温度关系的一类相关技术的总称"；1977 年 ICTA 第七次会议对热分析定义修改为"在程控温度下，测量物质的物理性质与温度关系的一类技术"。E. Gimzewski 在 1991 年建议热分析定义修改为：在程序温度和一定气氛下，测量试样的某种物理性质与温度或时间关系的一类技术。广义上，热分析技术包括许多与温度有关的试验测量方法。

三、热分析的原理及应用

1. 热分析适用范围

材料和体系的性质、成分、结构、相变和化学反应，如测量材料的熔点、玻璃化转变、晶型转变、液晶转变、晶化温度和动力学、固化过程和动力学、纯度、热稳定性，高分子材料的动态模量、损耗因子和键运动形态等，特别是相变和化学反应的动力学。

2. 热分析中的吸热与放热

在不同温度下，物质有三态，即固、液、气。固态物质又有不同的结晶形式，即晶体、玻璃体等。常见的物理变化有熔化、凝固、结晶、升华、汽化、吸收和吸附等。常见的化学变化有脱水、降解、分解、氧化、还原、化合反应等。大部分物理变化属于吸热反应，结晶转变可吸热可放热，吸附是放热反应；化学反应中吸热反应和放热反应都有，化学吸附属于放热反应。

3. 热分析分类

热分析技术依据物理性质的不同，热分析法可分为七类（见图 7-1）。

在热分析过程中，最基本和最重要的参数是焓（ΔH），热力学的基本公式吉布斯 – 亥姆霍兹方程为

$$\Delta G = \Delta H - T\Delta S \tag{7-4}$$

存在 3 种情况：$\Delta G < 0$，反应自发进行；$\Delta G = 0$，反应平衡；$\Delta G > 0$，逆向自发。

首先有焓变，同时还常常伴随着质量、力学、光学、电学、磁学等性能的变化等。吉布斯自由能的正负号是由焓变 ΔH 和熵变 ΔS 共同决定的，当然还有温度、焓变和熵变，受温

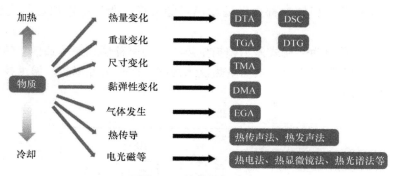

图 7-1　热分析的分类

度影响不大，而吉布斯自由能的变化却受温度影响较大。

4. 常用热分析方法及应用范围

热分析技术包括许多与温度或时间有关的物理性质变化的实验技术。热分析方法中应用比较多的有差示扫描量热法（DSC）、热重法（TGA）、静态力学热机械法（TMA）和动态力学热分析法（DMA），见表 7-1。

表 7-1　热分析方法及应用

热分析	定义	测量参数	温度范围/℃	应用范围
差示扫描量热法（DSC）	程序控温条件下，测量在升温、降温或恒温过程中样品所吸收或释放的能量	热焓	-170~725	定量测定多种热力学和动力学参数：比热容、反应热、转变热、反应速度和高聚物结晶度等
热重法（TGA）	程序控温条件下，测量在升温、降温或恒温过程中样品质量发生的变化	质量	20~1000	熔点、沸点测定，热分散反应过程分析与脱水量测定；生成挥发性物质的固相反应分析、固体与气体反应分析等
静态力学热机械法（TMA）	程序控温条件下，测量在升温、降温或恒温过程中样品尺寸发生的变化	形变	-150~600	膨胀系数、体积变化、相转变温度、应力应变测定、重结晶效应分析等
动态力学热分析法（DMA）	程序控温条件下，测量在温度、时间、频率或应力等状态变化过程中，材料力学性质的变化	力学性能	-170~600	阻尼特性、固化、胶化、玻璃化等转变分析、模量、黏度测定等

DSC 用来测试材料玻璃化转变温度、塑料的结晶熔融、结晶度、熔融焓，定性分析未知样品等；DMA 主要用来测试材料的弹性模量变化率、材料的耐高低温变化、测试材料的阻尼系数，选择优化配方等。

第二节　差示扫描量热法

一、差示扫描量热法的原理与装置

1. 工作原理

在程控温度下，测量输给试样与参比物的功率差与温度关系的一种热分析方法。在加热和冷却过程中，材料的任何转变都会伴随着热量的交换。DSC 使得快速测定转变温度以及热量成为可能。

DSC 按测量方式可分为热流式差示扫描量热法、功率补偿式差示扫描量热法。

图 7-2 所示为功率补偿式差示扫描量热仪示意图。DSC 由控温炉、温度控制器、热量补偿器、放大器、记录仪等组成。

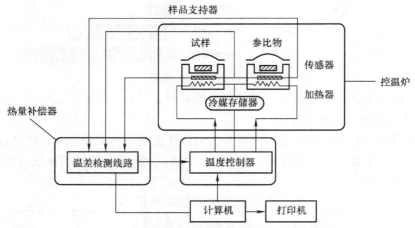

图 7-2 功率补偿式差示扫描量热仪示意图

采用零点平衡原理。试样和参比物具有独立的加热器和传感器，即在试样和参比物容器下，各装有一组补偿加热丝。整个仪器由两个控制系统进行监控，其中一个控制温度，使试样和参比物在预定速率下升温和降温。另一个控制系统用于补偿试样和参比物之间所产生的温差。即当试样由于热反应而出现温差时，通过补偿控制系统使流入补偿热丝的电流发生变化。如果试样吸热，则补偿系统流入补偿热丝的电流增大；如果试样放热，则补偿系统流入参比物侧热丝的电流增大，直至试样与参比物两者的热量达到平衡，温差消失。随着试样温度的升高，试样与周围环境温度偏差增大，造成量热损失，使测量精度下降，因而差示扫描量热法的测温范围通常低于 800℃。

2. 测量装置

图 7-3 所示为美国 TA 公司生产的差示扫描量热仪（Q20），其温度测量范围是 −180 ~ 725℃，温度准确度在 ±0.05℃内，升温速率为 0.1 ~ 200℃/min，能量测量精度优于 0.1%，炉内气氛为动态或静态（N_2）。

它的主要功能及应用范围是：用于测定样品在

图 7-3 差示扫描量热仪（Q20）

被加热、冷却或恒温时吸收或放出的能量（热），完成精确的温度测定。例如，高聚物的玻璃化转变温度（T_g）、结晶熔融温度（T_m）和结晶温度（T_c）、有机物与药物的熔点；由吸收或放出的能量，了解物质的结晶度和纯度；研究物质的结晶动力学，求得结晶动力学系数，探讨物质结构与性能间的关系。

二、差示扫描量热法的曲线

DSC 是在控制温度变化情况下，以温度（或时间）为横坐标，以样品与参比物间温差为零所需供给的热量为纵坐标所得的扫描曲线（见图 7-4）。图中，dH/dt 为热流率，即样品吸、放热的速率，单位为 mJ/s；峰面积代表热量变化。

$$m\Delta H = KA \qquad (7\text{-}5)$$

式中　m——样品质量；

ΔH——样品单位质量的焓变；

K——仪器常数（与温度无关）；

A——峰面积。

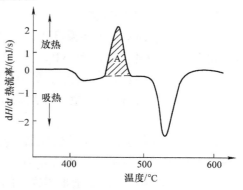

图 7-4　差示扫描量热仪曲线

DSC 可直接测量样品发生变化时的热效应。DSC 运行时，试样在受热或冷却过程中，由于发生物理变化或化学变化而产生热效应，在差热曲线上会出现吸热峰或放热峰。试样发生力学状态变化时（如由玻璃态转变为高弹态），虽无吸热或放热现象，但比热容有突变，表现在差热曲线上是基线的突然变动。试样内部这些热效应可用 DSC 进行检测。在 DSC 热分析谱图中，吸热（Endothermic）效应表征热焓增加，放热（Exothermic）效应用表征热焓减少。

发生的热效应大致可归纳如下。

1）吸热效应，包括结晶、蒸发、升华、化学吸附和脱结晶水。

2）放热效应，包括气体吸附、氧化降解、燃烧、爆炸和再结晶。

3）可能发生的放热或吸热反应。结晶形态的转变、化学分解、氧化还原反应、固态反应等。

图 7-5 所示为 3 种聚集态高分子材料 DSC 典型图谱。从定形态、半结晶态、结晶态的聚合物谱图中可以看出无定形态聚合物只有一个玻璃化转变，无其他明显相转变；结晶态聚合物有一个结晶峰；而半结晶态聚合物介于两者之间，它的 DSC 谱图中有一个玻璃相转变和一个结晶峰。可以由谱图直接鉴定聚合物属于哪一类型的高分子材料。

图 7-6 所示为聚丙烯、聚乙烯及其共混物的 DSC 曲线。聚乙烯和聚丙烯都是结晶聚合物，结晶温度不同，当两者共混后，存在两个结晶峰，分别对应聚丙烯、聚乙烯的结晶温度，且结晶温度变化不大。

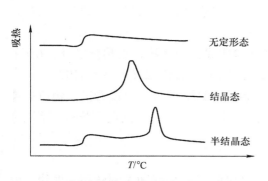

图 7-5　3 种聚集态高分子材料 DSC 典型图谱

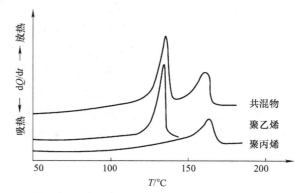

图 7-6　聚丙烯、聚乙烯及其共混物的 DSC 曲线

三、差示扫描量热法的应用

1. DSC 曲线影响因素

DSC 测试过程中，体系温度不断变化，引起物质的热性能发生变化，因此许多因素可以影响 DSC 曲线的位置、大小和形状。影响 DSC 曲线的主要因素有仪器因素和样品因素。

1）仪器因素包括升温速率、炉内气氛、坩埚材料、记录器精度和量程等。

2）样品因素包括样品量、样品的形态、样品的装填密度、样品的属性、热历史、杂质等。

通常由讨论制造厂家出厂的仪器，经安装调试后仪器方面的因素已经稳定，这里只讨论在测试过程中样品与实验参数的影响。

1）样品的影响：样品量根据样品的热效应调节，一般为 1～10mg。样品量少，分辨率高，但灵敏度低，峰温偏低；样品量多，分辨率低，但灵敏度高，峰温偏高。在灵敏度足够的前提下，试样的用量应尽可能少，这样可减少因试样温度梯度带来的热滞后，从而使峰形扩张、分辨率下降、峰温高移。试样粒度和颗粒分布对峰面积和峰温度均有一定影响。样品装填方式，DSC 与样品的热导率成反比，而热导率与样品的颗粒大小分布和装填的疏密程度有关，装填越紧密，则热传导越好。对应高分子样品应尽量做到均匀，填充到坩埚内时应尽可能均匀、紧密。对于聚物，样品的热历史对它的性能影响很大。

2）升降温速率的影响：目前商品热分析仪的升降温速率范围可达 0.1～500℃/min，常用范围为 5～20℃/min，最常用的是 10℃/min。不同升降温速度测得的数据不具可比性，应根据样品的导热性能，选择适当的升温速率。当样品量大时，升温速率对转变温度影响较明显，但对吸热或放热峰的面积影响可忽略。

3）气氛的影响：氛围气体一般使用惰性气体（如氮气），主要是防止加热时样品的氧化，减少挥发物对仪器的腐蚀。

2. DSC 的应用

DSC 的主要功能包括：测定主要的转变温度；定量测定比热容、反应热、转化热、熔化热等；测定样品结晶度、纯度；表征反应动力学、结晶动力学。

1）玻璃化转变温度的测定：图 7-7 所示为双酚 A 型聚砜 – 聚氧化丙烯多嵌段共聚物的差示扫描量热曲线。由图可知，各样品软段玻璃化转变温度分别为 237℃、246℃、247℃、258℃，均高于软段预聚的玻璃化转变温度（206℃）。

2）结晶度的测定：图 7-8 所示为结晶聚合物熔融曲线，峰面积代表热量变化，$CDEC$ 曲线面积代表 $\Delta H - \Delta H_a$，$ABFGA$ 面积代表 ΔH_a，结晶度 $x = [(\Delta H - \Delta H_a)/\Delta H^0]100\%$。

3）纯度的测定：图 7-9 所示为不同纯度苯甲酸熔融的 DSC 曲线，可以看出，物质的纯度越高，DSC 曲线上熔融峰越陡峭，峰顶温度越高，而且 T_e 也越高。据此可比较（测定）物质的纯度。

4）应用举例：

① 图 7-10 是常规的尼龙 66 纤维和纳米尼龙 66 纤维的 DSC 曲线和 X 射线衍射曲线。由 DSC 曲线可知，纳米尼龙 66 的结晶度比常规的尼龙 66 低。X 射线衍射图进一步验证了这一结果。

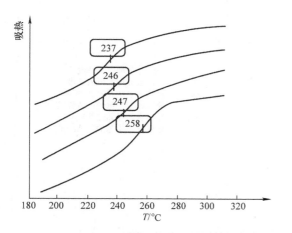

图 7-7　双酚 A 型聚砜 – 聚氧化丙烯多嵌段共聚物的差示扫描量热曲线

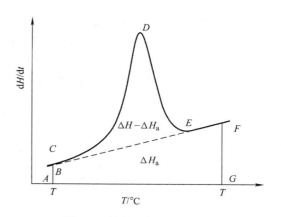

图 7-8　结晶聚合物熔融曲线

②图 7-11 是 4 种聚乳酸纤维的 DSC 熔融曲线。由图可知，热水处理和上染到纤维中的染料分子改变了纤维的熔融行为。染色纤维出现了明显的熔融/重结晶/再熔融行为，因为上染到纤维内部的染料分子降低了分子间或大分子链间的三维摩擦，使得晶粒熔融，重新排列成为更加完善的晶粒。而经分散紫 27 染色的 PLA 纤维其出现熔融双峰现象比经分散红 82 染色的纤维更明显，这是因为在染色过程中，分散紫 27 作为润滑剂，能更好地降低分子间或大分子链间的摩擦力。

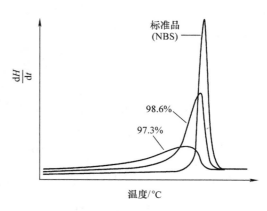

图 7-9　不同纯度苯甲酸熔融的 DSC 曲线

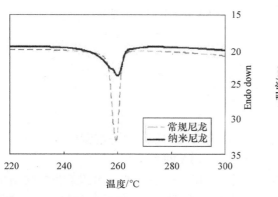

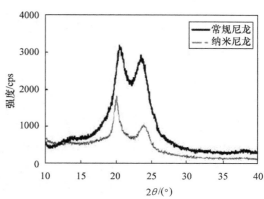

图 7-10　常规的尼龙 66 纤维和纳米尼龙 66 纤维的 DSC 曲线和 X 射线衍射谱

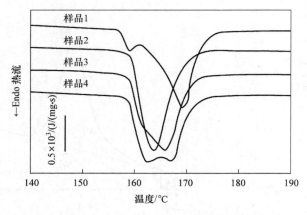

图 7-11　染色前后 4 种聚乳酸纤维的 DSC 曲线（熔融行为）

③ 图 7-12 所示为纯偶氮二异丁脒盐酸盐 AIBA、非吸附 AIBA 和吸附 AIBA 的热分解 DSC 曲线。若 dH/dt 代表热流率，即样品吸、放热的速率，峰面积代表热量变化，有如下关系函数公式

$$\frac{\mathrm{d}H}{\mathrm{d}t} \propto \frac{\mathrm{d}m}{\mathrm{d}t} \propto (A_{\mathrm{Total}} - A_{\mathrm{Part}})^n$$

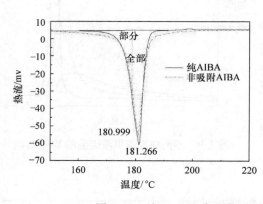
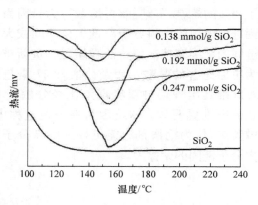

图 7-12　纯 AIBA、非吸附 AIBA 和吸附 AIBA 的热分解 DSC 曲线

热分解常数为

$$K_{\mathrm{d}} = \frac{\dfrac{\mathrm{d}H}{\mathrm{d}t}}{(A_{\mathrm{Total}} - A_{\mathrm{Part}})^n}$$

其中，$n = 1$。

半衰期 $t_{1/2} = \ln 2/K_{\mathrm{d}} = 0.693/K_{\mathrm{d}}$，AIBA 的半衰期为 0.693 除以热分解常数 K_{d}。

由 DSC 曲线可求出热分解常数 K_{d}，进而可计算出 AIBA 的半衰期。

由此可分别计算出纯 AIBA、非吸附 AIBA 和吸附 AIBA 的半衰期。可以看出，纯 AIBA 比非吸附 AIBA 的半衰期长，吸附 AIBA 的半衰期最短，且吸附二氧化硅的浓度变化，对吸附 AIBA 的半衰期影响不大。纯 AIBA、非吸附 AIBA 和吸附 AIBA 的热分解参数见表 7-2。

表7-2　纯 AIBA、非吸附 AIBA 和吸附 AIBA 的热分解参数

样品	吸附 AIBA 浓度/ (mmol/g SiO$_2$)	峰值温度 /℃	温度范围 /℃	$E_{A,P}$（kJ/mol） DSC 计算 DSC 分析		A_2	$t_{1/2,70}$/h
吸附 AIBA	0.138	145.8	115~165	127.8	124.5	34.8	5.2
	0.193	154	120~172	130.1	135.2	35.6	5.2
	0.247	156.8	125~190	132.6	138.4	36.4	5.6
非吸附 AIBA	—	181.0	155~192	150.9	148.5	41.8	12.6
纯 AIBA	—	181.3	160~185	152.4	149.2	42.5	15.8

四、聚合物的差示扫描量热法分析

各种物质由于它们的组成、结构不同，它们的 DSC 曲线也不同。根据差示扫描量热法 DSC 曲线峰的数目、降的温度以及峰的形状大小可以鉴定物相。本次 DSC 的试验样品为聚丙烯。样品为白色颗粒或者褐色样品条。下面介绍具体实验过程。

（1）DSC 开机　首先打开氮气瓶总开关，微调阀门已经调好后，气压为 0.1MPa，勿动；打开控温箱电源开关，按至"Event"，打开 DSC 主机电源开关；等待 DSC 主机绿灯亮后打开计算机；双击自动弹开的界面"TA 仪器管理器"中的"Q20"图标；选择菜单栏的"控制"，进入"转至待机温度"，再进入"事件"中"打开"，然后等待法兰温度降至 -60℃，准备开始试验。

（2）制样　准备样品盘，称取约 3~10mg 样品，将本次试验的改性聚丙烯样品切割成小碎片，称取约 5mg 并放入样品盘中，盖上盘盖，轻轻压一下。

（3）放置样品盘　依次打开 DSC 炉子的 3 个盖子；用镊子将参比物盘放在里面的测试台上，将样品盘放在外面的测试台上；依次盖上 3 个盖子。注意放置样品要仔细，不能撒到炉子里；最内层的盖子不能接触到炉子壁上。

（4）测试样品　将试样信息输入"摘要"页面，模式为标准，试验为自定义，样品名为"PP"，坩埚类型为其他，样品大小为刚刚称取的样品重量，数据文件名在特定的路径下，必须在 Data 数据文件内保存，并且文件名与前面设置的样品名称保持一致。网络驱动器的路径与数据文件名保持一致。

打开"过程"，单击"编辑器"，编辑实验方法。起始温度一般比相变温度低 50℃，升温速率一般设置为 10℃/min 或 20℃/min，终止温度一定要比分解温度低 50℃（否则可能污染炉子），比熔融温度高 50℃，PP 的熔点为 160~170℃，本次实验终止温度设为 200℃，为了消除热历史的影响，第一条升温曲线不采用，缩短实验时间，设为 30℃/min 升温至 200℃，恒温 5min，再以 10℃/min 降至 40℃，然后以 10℃/min 升温至 200℃，"过程"页面设置完毕。单击"注释"页面，这一页面基本上不要改动，可以看到氮气的流量为 25mL/min。编辑完成后，单击绿色三角形按钮开始实验。等待一段时间后实验结束。

在实验测试过程中，如果对于刚刚设定的实验方法有需要修改的地方可以进行修改，单击右键修改试验方法，如果将升温曲线的终点温度修改为 220℃，单击"存入改变值"，关闭即可。不过一般情况下，还是不要改动为好。

（5）数据分析　打开分析软件，根据之前的路径打开相应文件。如图7-13所示，有一个熔融峰，选择"线性峰值积分"模式，调整十字光标在峰的左右两端，单击右键选择"接受界限"，根据结果显示"PP"的熔点为166℃，熔值为56J/g。

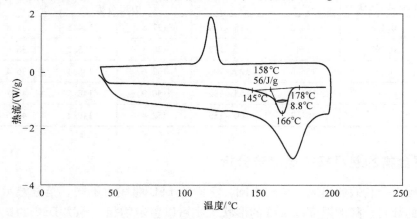

图7-13　聚丙烯的 DSC 图谱分析

有一个玻璃化转变，选择"玻璃化/步阶转变（T_g）"模式，调整十字光标在相应的曲线范围，单击右键选择"接受界限"，根据结果显示"PP"的玻璃化转变温度为135℃。分析结果完成后，将数据保存为两种类型。①将刚刚分析的结果保存下来，保存为 PDF 文件格式；②将数据导出，保存为文本文件，可用 Origin 软件绘图。

（6）关机　试验完成后，单击菜单栏中的"控制"，进入"事件"中"关闭"，然后等待法兰温度恢复到室温后，单击"控制"，关闭仪器。等待 DSC 主机绿灯熄灭后依次关闭 DSC 主机电源、控温箱、氮气开关、计算机。

第三节　热分析术的案例解析

案例一　一种铝合金冷轧后的 DSC 分析

1. 材料应用背景

2519A 铝合金是一种高强度、耐腐蚀的合金，是 20 世纪 80 年代美国铝业公司发明的，现已凭借其低密度特点应用于固定翼飞机、直升机及两栖突击车。

2. 材料样品的制备

2519A 铝合金的名义化学成分列于表7-3中。厚度为 60mm 的时效板材，在 808K 下固溶处理 6h 后，快速淬于室温的水中；淬火板材在室温下轧制，下压量分别为 7%、15%、30% 及 70%。

表7-3　2519A 铝合金的名义化学成分（质量分数,%）

Cu	Mg	Mn	Zr	Fe	Si	Al
5.80	0.20	0.30	0.20	0.20	0.10	剩余

3. 测试仪器型号与测试使用的具体参数

DSC 测试由 NETZSCH DSC 200 F3 热分析仪进行。切取轧制态样品 0.5g，在 10℃/min 的升温速率下，记录全部 DSC 曲线。

4. 测试结果与分析

图 7-14 给出了不同下压量轧制态 2519A 合金的 DSC 曲线。由图可见，每条曲线都有显著的放热峰（A 处），这是半共格的 θ′相形核与长大导致的。有趣的是，此放热峰随着下压量（变形量）的增加逐渐左移（温度下降）。例如，下压量为 7% 的试样放热峰温度为 514K，而下压量为 40% 的试样下降到 503K。出现这种现象的原因是变形量较大使合金的储存能更高，更容易越过时效析出的能垒，从而在较低的温度下析出了 θ′相。值得注意的是，每条曲线比邻 A 峰的左侧，还存在一个不显著的小峰（B 处）；对于下压量为 40% 的试样已经难以发现了。B 峰是由于共格的 GP 区或 θ″相形成而导致的放热峰。

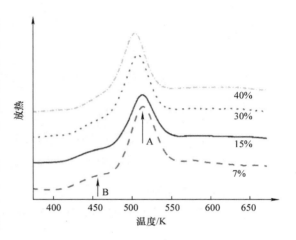

图 7-14 不同下压量轧制态 2519A 合金的 DSC 曲线

案例二 聚合物液晶的 DSC 分析

1. 材料应用背景

介晶基元位置对聚合物的影响一直受到人们的关注。由于主链液晶高的玻璃化温度和熔点使得主链液晶聚合物难以加工成型，所以过去的科研工作者在这方面的工作主要集中在改变液晶主链中苯环连接的位置来形成不同位置的介晶基元，来考查其对主链液晶聚合物的玻璃化转变温度和熔点的影响，而侧链液晶聚合物的玻璃化转变温度和熔点都比较低，人们很少在这类聚合物上考查介晶位置的影响。

设计合成 3 种新的甲基丙烯酸单体，分别命名为邻 – （4 – 甲氧基 – 4′ – 氧基己氧基偶氮苯）苄基甲基丙烯酸酯（OHABM）、间 （4 – 甲氧基 – 4′ – 氧基己氧基偶氮苯）苄基甲基丙烯酸酯 （MHABM）、对 （4 – 甲氧基 – 4′ – 氧基己氧基偶氮苯）苄基甲基丙烯酸酯（PHABM），并用自由基聚合方法得到一系列相对分子质量不同的聚合物以考查介晶基元位置对甲基丙烯酸聚合物液晶行为的影响。

2. 材料样品的制备

单体及其聚合物的合成路线如图 7-15 所示。

3. 测试仪器型号与测试使用的具体参数

热分析数据用 PE 公司生产的 DSC – Q10 热分析仪测得，In 和 Sn 校正温度和热熔值。具体测试条件是：样品用量为 3 ~ 10mg，升降温速度均为 10℃/min，测试温度区间为 10 ~ 210℃，氮气气氛下进行试验。

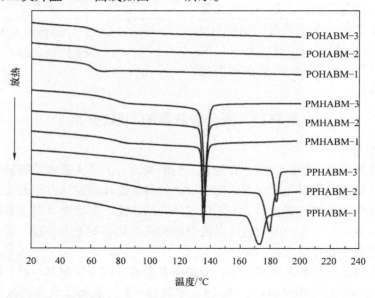

图 7-15　单体及其聚合物的合成路线

4. 测试结果与分析

聚合物的第二次升温 DSC 曲线如图 7-16 所示。

图 7-16　聚合物的第二次升温 DSC 曲线（升温速率为 10℃/min）

每种聚合物分别提供了 3 份不同相对分子质量的样品，样品 1、样品 2、样品 3 的相对分子质量逐渐增加，具体数据见表 7-4。热分析结果如下。

聚合物 POHABM 受空间位置的影响，在升温和降温过程中只有玻璃化转变，不展现液晶行为。这可能是因为介晶基元取代基在邻位时，介晶基元与主链的共价键夹角比较小，而柔性间隔基团比较短，使得介晶基元的活动空间十分狭小，不能进行有序排列，故不能形成液晶。PMHABM 和 PPHABM 都展现出液晶行为。POHABM、PMHABM、PPHABM 的玻璃化转变温度依次升高。PMHABM 的清亮点在 135℃ 左右，PPHABM 的清亮点在 180℃ 左右，很明显介晶基元位于对位的聚合物清亮点比邻位的要高很多。PMHABM 的液晶区间（$T_g \sim T_i$）为 57℃ 左右，而 PPHABM 的液晶区间为 86℃ 左右，PPHABM 的液晶区间比 PMHABM 要宽。

这说明介晶基元的位置对液晶的形成有较大影响，邻位取代的不能形成液晶，而对位取代的由于其较高的对称性更有利于液晶态的热力学稳定。PMHABM 液晶态向各向同性转变的熔值比 PPHABM 的要高，这说明 PMHABM 液晶相在动力学上更稳定。

表 7-4　GPC 和 DSC 的试验结果和聚合物的热力学性能

样品	产品 (%)	M'_n [1] ($\times 10^{-4}$)	M_w/M_n [1]	冷态时的相变和相应的熔变（J/mol）[2]
POHABM－1	93	4.27	1.76	—
POHABM－2	90	7.62	1.84	—
POHABM－3	87	14.24	2.06	—
PMHABM－1	89	2.39	2.05	$S135.2 (16.15) I$
PMHABM－2	85	5.80	2.79	$S135.5 (15.95) I$
PMHABM－3	78	14.11	2.86	$S136.1 (15.81) I$
PPHABM－1	78	1.44	1.71	$S178.2 (13.45) I$
PPHABM－2	73	4.65	1.63	$S182.8 (12.21) I$
PPHABM－3	66	16.52	2.74	$S184.5 (10.90) I$

[1] 在标准聚苯乙烯定标的基础上，用 GPC 法测定了四氢呋喃中的相对分子质量和多分散性。
[2] 在第二次加热条件下，用 DSC 计算了升温速率为 10℃/min 的玻璃化转变温度、相变和相应的熔变。

案例三　氧乙烯尾链对液晶高分子材料熔点影响的 DSC 分析

1. 材料应用背景

温敏性材料是具有温度响应性能的智能型材料。随着技术的发展和不断完善，智能高分子的研究进展迅速，而在这类材料中温敏材料由于温度控制条件便捷而引起了人们浓厚的兴趣，逐渐成为研究重点。聚氧乙烯链具有亲水性、强极性、柔顺性等特点，将亲水的聚氧乙烯链引入到甲壳型液晶高分子体系中，这样亲水的低聚氧乙烯链排布在聚合物的外围，于是单体中存在亲水基团和疏水基团且比例适当，单体和聚合物的溶液性能都会受此影响；一方面可以研究侧基尾链对高分子液晶性能的影响；另一方面可以研究尾链长度和数目对温敏性能的影响。

设计并合成了一系列含有不同低聚氧乙烯尾链数目的乙烯基对苯二甲酸酯单体，分别为乙烯基对苯二甲酸－二（4－低聚氧乙烯单甲醚）苯甲酯（mono－mEOBCS）（m＝1，2）、乙烯基对苯二甲酸－二（3,5－氧乙烯单甲醚）苯甲酯（di－1EOBCS）和乙烯基对苯二甲酸－二（3,4,5－氧乙烯单甲醚）苯甲酯（tri－1EOBCS）。从考查侧基尾链对小分子单体液晶性能的影响。

2. 材料样品的制备

单体 mono－mEOBCS（m＝1，2）的合成路线如图 7-17 所示。

首先是 2－甲氧基乙基－4－甲基苯磺酸酯的合成。将 52.5g（0.275mol）对甲苯磺酰氯（TsCl），19.0g（0.25mol）乙二醇单甲醚依次溶于 25mL 四氢呋喃中，控制温度在 5℃以内，滴加 NaOH 的水溶液 100mL（3.75mol/L），滴加时间为 2.5h，撤去冰水浴，15℃反应

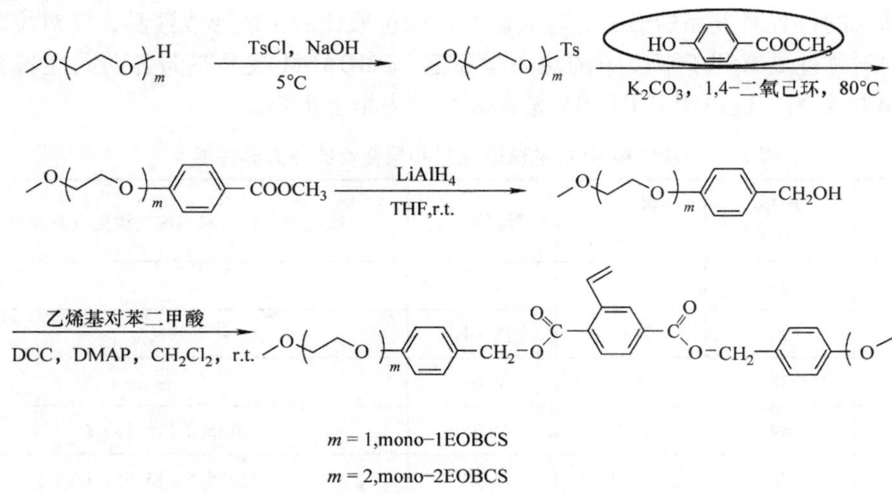

$$\xrightarrow[5℃]{TsCl,\ NaOH}$$

$$\xrightarrow[K_2CO_3,\ 1,4-二氧己环，80℃]{HO-\!\!\!\!\!\!\!\!\!\bigcirc\!\!\!\!\!\!\!\!\!-COOCH_3}$$

$$\xrightarrow[THF,r.t.]{LiAlH_4}$$

$$\xrightarrow[DCC,\ DMAP,\ CH_2Cl_2,\ r.t.]{乙烯基对苯二甲酸}$$

m=1,mono-1EOBCS

m=2,mono-2EOBCS

图 7-17　单体 mono－mEOBCS（m=1，2）的合成路线

3.5h，TLC 跟踪反应进程，再倒入冰的盐酸水溶液 250mL（15%）中，搅拌 15~30min，用二氯甲烷 CH_2Cl_2 萃取，收集有机相，重复萃取两次，合并有机相，再用水洗，接着用无水硫酸钠干燥，过滤浓缩溶解，得到粗产品。柱层析分离提纯（二氯甲烷为洗脱剂），收集前面组分得到无色透明液体 37.5g。

其次是 4－（2－甲氧基乙氧基）苯甲酸甲酯的合成。在 250mL 三口瓶中加入对羟基苯甲酸甲酯（10.0g，66mmol），2－甲氧基乙基－4－甲基苯磺酸酯（15.3，66mmol）和 1,4－二氧六环 150mL 加热回流反应 0.5h，再加入 K_2CO_3（35.97g，0.26mol）和 1,4－二氧六环 50mL，加热回流反应，TLC 跟踪反应，反应完毕后，在大量冰水中沉淀、过滤，在 40℃ 真空干燥箱中干燥 24h，得到的粗产品用 THF 和石油醚进行重结晶，得到白色固体浓缩（8.78g，产率为 64%）。在 250mL 三口瓶中加入 20mL 精制四氢呋喃溶液，再加入四氢铝锂（1.45g，38mmol），室温搅拌 3min，待四氢铝锂分散开后，缓慢滴加溶有 4－（2－甲氧基乙氧基）苯甲酸甲酯（8.0g，38mmol）的精制 THF（100mL）溶液，滴加完毕后，再用少量四氢呋喃冲洗瓶口。用 TLC 跟踪反应，待反应完毕后，滴加水终止反应，有大量白色固体产生。用旋转蒸发仪除去溶剂四氢呋喃，加入盐酸至白色沉淀消失，再用二氯甲烷萃取，收集有机相，重复 3 次，合并有机相、水洗，用无水硫酸镁干燥，过滤浓缩溶剂，得到白色固体 6.0g。

再次是乙烯基对苯二甲酸－二［4－（2－甲氧基乙氧基）］苯甲酯的合成。取 4－（2－甲氧基乙氧基）苯甲醇（2.71g，15.0mmol）、DCC（3.07g，15mmol）、DMAP（0.18g，1.5mmol）、乙烯基对苯二甲酸（1.5g，8.0mmol），溶于 60mL 精制的二氯甲烷中，室温搅拌，当上层出现大量白色固体时停止反应，过滤除去不溶物。用 100mL 二氯甲烷洗涤滤渣，收集滤液，加入 50mL 蒸馏水，分液，萃取，再用 5% 稀盐酸洗涤，接着用蒸馏水洗涤。收集有机相，用无水硫酸镁干燥，过滤浓缩溶剂，得到粗产品。柱层析分离提纯（丙酮与石油醚体积比 1:5 为洗脱剂），收集第二组分，然后用丙酮和石油醚混合溶剂进行重结晶，得到白色固体 3.2g。

其余单体（di－1EOBCS，tri－1EOBCS）的合成过程与 mono－1EOBCS 相似，di－

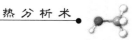

1EOBCS 的合成是在第二步反应中将原料对羟基苯甲酸甲酯替换为 3,5-二羟基苯甲酸甲酯，tri-1EOBCS 的合成是在第二步反应中将原料对羟基苯甲酸甲酯替换为 3,4,5-三羟基苯甲酸甲酯，其余合成步骤相似。

3. 测试仪器型号与测试使用的具体参数

热分析数据以 PE 公司生产的 DSC-Q10 差示扫描量热分析仪测得，In 和 Sn 校正温度和热焓值。测试条件：样品用量为 4~10mg，升降温速率均为 10℃/min，测试温度区间为 40~100℃，在氮气气氛下进行试验。

4. 测试结果与分析

热分析结果如下。

如图 7-18 所示，4 种有机物均只有一个明显的熔融吸热峰，对应的峰值即为有机物的熔点，分别为 64.5℃、87.6℃、77.8℃、75.9℃。当氧乙烯尾链长度为 1 时，有机物的熔点随着尾链数目的增加而降低；当氧乙烯尾链数目保持不变时，有机物 mono-1EOBCS、mono-2EOBCS 的熔点随着尾链长度的增加而明显降低，说明氧乙烯尾链长度对熔点的影响要比氧乙烯尾链数目的影响大得多。

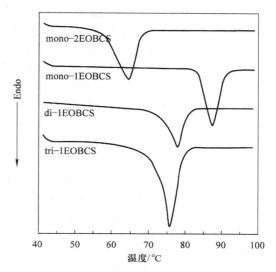

图 7-18　有机物的第一次升温
DSC 曲线（升温速率为 20℃/min）

复习思考题

1. 热分析方法的分类是怎样的？
2. 差示扫描量热法试验过程中，影响 DSC 数据分析准确性的主要因素有哪些？
3. 差示扫描量热法的主要功能及应用范围是什么？

参 考 文 献

[1] 王岚，杨平，李长荣. 金相实验技术 [M]. 2 版. 北京：冶金工业出版社，2010.

[2] 王志刚，徐勇，石磊. 金相检验技术实验教程 [M]. 北京：化学工业出版社，2014.

[3] 葛利玲. 光学金相显微技术 [M]. 北京：冶金工业出版社，2017.

[4] 戴丽娟. 金相分析基础 [M]. 北京：化学工业出版社，2015.

[5] 任颂赞，叶俭，陈德华，等. 金相分析原理及技术 [M]. 上海：上海科学技术文献出版社，2017.

[6] 陈洪玉. 金相显微分析 [M]. 哈尔滨：哈尔滨工业大学出版社，2013.

[7] 周玉. 材料分析方法 [M]. 4 版. 北京：机械工业出版社，2020.

[8] YE T, LI L, LIU X, et al. Anisotropic deformation behavior of as – extruded 6063 – T4 alloy under dynamic impact loading [J]. Materials Science and Engineering：A, 2016, 666：149 – 155.

[9] LI L, ZHANG X, DENG Y, et al. Superplasticity and microstructure in Mg – Gd – Y – Zr rolled sheet [J], Journal of Alloys & Compounds, 2009, 485（1）：295 – 299.

[10] WU Z, ZHOU J, CHEN W, et al. Improvement in temperature dependence and dielectric tunability properties of $PbZr_{0.52}Ti_{0.48}O_3$, thin films using Ba（$Mg_{1/3}Ta_{2/3}$）O_3, buffer layer [J]. Applied Surface Science, 2016, 388：579 – 583.

[11] 李理，张新明，邓运来，等. 第二相在 Mg – Gd – Y – Zr 合金挤压棒超塑性变形中的作用 [J]. 中国有色金属学报，2010, 20（1）：10 – 16.

[12] ZHANG C Y, LUO J X, OU L J, et al. Fluorescent porous carbazole – decorated copolymer monodisperse microspheres：Facile synthesis, selective and recyclable detection of Iron（III）in aqueous medium [J]. Chemistry – A European Journal, 2018, 24（12）：3030 – 3037.

[13] 张春燕，罗建新. 发近红外光的高分子铒络合物的合成及性能研究 [J]. 高分子学报，2012, 11：1289 – 1294.

[14] WU Y P, YE L Y, JIA Y Z, et al. Precipitation kinetics of 2519A aluminum alloy based on aging curves and DSC analysis [J]. Transactions of Nonferrous Metals Society of China, 2014, 24（10）：3076 – 3083.

[15] 中国机械工程学会无损检测分会. 超声波检测 [M]. 2 版. 北京：机械工业出版社，2010.

[16] 魏坤霞，胡静，魏伟. 无损检测技术 [M]. 北京：中国石化出版社，2016.

[17] 陈照峰. 无损检测 [M]. 西安：西北工业大学出版社，2015.

[18] 刘福顺，汤明. 无损检测基础 [M]. 北京：北京航空航天大学出版社，2002.

[19] 韦丽娃，王健. 无损检测实验 [M]. 北京：中国石化出版社，2015.

[20] 刘贵民，马丽丽. 无损检测技术 [M]. 2 版. 北京：国防工业出版社，2009.

[21] 李国华，吴淼. 现代无损检测与评价 [M]. 北京：化学工业出版社，2009.

[22] 牛俊民，蔡晖. 钢中缺陷的超声波定性探伤 [M]. 北京：冶金工业出版社，2013.

[23] 杨睿，周啸，罗传秋，等. 聚合物近代仪器分析 [M]. 3 版. 北京：清华大学出版社，2010.

[24] 陶文宏，杨忠喜，师瑞霞，等. 现代材料测试技术 [M]. 北京：化学工业出版社，2013.

[25] 张锐. 现代材料分析方法 [M]. 北京：化学工业出版社，2007.